ベイズ推定入門

モデル選択からベイズ的最適化まで

大関 真之 著

Ohmsha

本書に掲載されている会社名・製品名は、一般に各社の登録商標または商標です。

本書を発行するにあたって、内容に誤りのないようできる限りの注意を払いましたが、本書の内容を適用した結果生じたこと、また、適用できなかった結果について、著者、出版社とも一切の責任を負いませんのでご了承ください。

本書は、「著作権法」によって、著作権等の権利が保護されている著作物です。本書の複製権・翻訳権・上映権・譲渡権・公衆送信権（送信可能化権を含む）は著作権者が保有しています。本書の全部または一部につき、無断で転載、複写複製、電子的装置への入力等をされると、著作権等の権利侵害となる場合があります。また、代行業者等の第三者によるスキャンやデジタル化は、たとえ個人や家庭内での利用であっても著作権法上認められておりませんので、ご注意ください。

本書の無断複写は、著作権法上の制限事項を除き、禁じられています。本書の複写複製を希望される場合は、そのつど事前に下記へ連絡して許諾を得てください。

出版者著作権管理機構
（電話 03-5244-5088, FAX 03-5244-5089, e-mail: info@jcopy.or.jp）

JCOPY ＜出版者著作権管理機構 委託出版物＞

まえがき

初めましての方もいらっしゃいますね。お手に取って下さりありがとうございます。お久しぶりの方もいらっしゃいますね。またお会いできて嬉しいです。

「機械学習入門—ボルツマン機械学習から深層学習まで—」に引き続き、今回は「ベイズ推定入門—モデル選択からベイズ的最適化まで—」と題して、魔法の鏡とお妃様の繰り広げるドラマにお付き合いください。

突然ですが、旅先で道に迷ったらどうしますか？

標識や案内、地図に基づき、間違いなく移動して目的地に向かう人もいれば、ある程度の見当だけつけて左方向にまっすぐ進む人もいれば、標識などの表示を見て修正しながら目的地を目指す人もいるでしょう。

どれが一番正確でしょうか。

もちろんしっかり道案内に事細かに従って行けば確実でしょう。しかし全ての道案内を何度も確認しながら進むのはなかなか大変なことです。

ある程度はサボって、あっちの方角だよな、と信じて進む方が効率的だったりします。さらに道案内に間違いがあったらどうでしょうか。不明瞭な指示だったらどうでしょうか。そういったことに対して、「いやあっちの方角じゃなかったっけ？」と道案内をやや無視しながら進むことも必要です。

目の前に現れる事実と、これまでの流れ・経験を組み合わせた推定方法。

それが「ベイズ推定」です。

このベイズ推定を利用すると、知りたいことに関する情報が少ない場合でも、知りたいことを効率良く当てることができたり、調べることができます。これが一般的なベイズを説明する文章の流れです。

でもこの本で取り上げるベイズ推定の入門の仕方はちょっと違います。

事前情報を取り込んだ結果、色々な可能性を考えられるようになるので、その中からどう判断するのかということを中心に描いたつもりです。

事前情報をどのように取り込んだら良いのか，経験を取り込むにはどのようにしたら良いのか？　きっと良い方法論があるはず．それに応えるのが赤池情報量規準に始まる「モデル選択」です．

　彼女に指輪をあげよう．店に並ぶたくさんの指輪から最も彼女にふさわしい指輪を選びたい．その時に全ての指輪を1つひとつ彼女につけてみてもらうわけにはいきません．おそらく彼女はこれが好きだろうな，と思って見当をつけたものを，実際につけてみてもらいますよね．
　少数の指輪を試してみた結果，彼女が気に入ってくれたり，そうでもなかったりして，その事実を反映して，次の候補を探した方が効率が良いわけです．これが「ベイズ的最適化」というアイデアにつながります．
　このような現代的統計科学の処方箋が描かれた入門書は他にはないと思います．

　目の前に現れる事実・データを解析して，今後の予測や方策の決定に役立てようとする方法論，その1つに現在隆盛を極める機械学習がありますが，その背景にもベイズ推定がうまく取り入れられています．
　この本は，その意味で前回登場した機械学習の話の背景に迫ることになります．
　前回の「機械学習入門―ボルツマン機械学習から深層学習まで―」では全く数式は登場しませんでした．今回は正直どうしようかな，と思いました．数式がある方が理解が深まるという人もいます．ただこの本の持ち味は，人類が発展させてきた科学技術の裏に潜む基本的な考え方を分け隔てなく色々な人に知ってもらう「入門書」であることだと考えて，やっぱり数式なしにしました．それでいて入門の扉にしてはしっかりとした重量感があり，入門の入り口としてはくぐり抜けやすく，入門者には疾走感のあるものになるように配慮しました．

　それでは「ベイズ推定入門―モデル選択からベイズ的最適化まで―」
お楽しみください．

　　2018年1月

　　　　　　　　　　　　　　　　　　　　　　　　　　大関　真之

目 次

第1章 こんなところにベイズ推定

1-1 探し物は何ですか？ ………………………………………… 2
　Column　世の中はビッグデータ時代？ ………………………… 6
1-2 手がかりは大切に …………………………………………… 7
　Column　最尤推定とベイズ推定 ………………………………… 11
1-3 事後確率分布 ………………………………………………… 12
　Column　事前分布の役割 ………………………………………… 15
1-4 ベイズの定理 ………………………………………………… 16
　Column　統計的モデリング ……………………………………… 21
1-5 同時確率と条件つき確率 …………………………………… 22
　Column　確率なんて大っ嫌い …………………………………… 30

第2章 確率分布とベイズ推定

2-1 イノシシはどこにいる？ …………………………………… 32
　Column　事前分布は人の勝手？ ………………………………… 38
2-2 もっともらしい場所はどこ？ ……………………………… 39
　Column　あらゆる可能性の追求 ………………………………… 42
2-3 モデル選択 …………………………………………………… 43
　Column　オッカムの剃刀 ………………………………………… 50
2-4 点推定と分布推定 …………………………………………… 51
　Column　汎化性能と一致性 ……………………………………… 59

第3章 機械学習とベイズ推定

- 3－1 正則化とベイズ推定 …………………………… 62
  - Column 機械学習でもベイズ推定 …………………… 67
- 3－2 統計科学と機械学習 …………………………… 68
  - Column ベイズ推測を利用した機械学習 ……………… 74
- 3－3 正則なモデルと特異なモデル ………………… 75
  - Column 勾配法の進化 …………………………………… 82
- 3－4 データが足りない！ …………………………… 83
  - Column ニューラルネットワークの理解に向けて …… 88
- 3－5 過学習を防ぐ …………………………………… 89
  - Column 未来を予測する詐欺に注意 …………………… 96

第4章 不可能を可能にするベイズ推定

- 4－1 謎の少女との出会い …………………………… 98
  - Column データ同化 ……………………………………… 103
- 4－2 第2の逆問題 …………………………………… 104
  - Column 連立方程式が研究の最前線？ ………………… 110
- 4－3 どうやって方程式を解くの？ ………………… 111
  - Column スパースモデリング …………………………… 122
- 4－4 驚異の圧縮センシング ………………………… 123
  - Column 圧縮センシングによる計測革命 ……………… 127

第5章 カーネル法とベイズ的最適化

5-1 困ったときのカーネル法 ………………………… 130
　Column　カーネル法と深層学習 ………………… 133
5-2 リプリゼンター定理 ……………………………… 134
　Column　リプリゼンター定理の言っていること … 137
5-3 ノンパラメトリックモデルとパラメトリックモデル … 138
　Column　スプライン補間とノンパラメトリックモデル … 142
5-4 ガウス過程 ………………………………………… 143
　Column　全ては最適化 …………………………… 146
5-5 効率の良い計画を！ベイズ的最適化 …………… 147
　Column　実験計画法 ……………………………… 152

第6章 無限の可能性を考えるベイズ推定

6-1 大数の法則 ………………………………………… 154
　Column　僕らの体に眠る中心極限定理 ………… 158
6-2 ベイズ推定の真価 ………………………………… 159
　Column　物理学の活躍 …………………………… 163
6-3 見えないものが見える！ ………………………… 164

その後の兵士さん（参考文献） ……………………… 169
あとがき ………………………………………………… 176
索　引 …………………………………………………… 178

登場人物紹介

お妃様

美しさの追求に余念がないお妃様。魔法の鏡が目覚めてからドタバタな日々を過ごす。

魔法の鏡

なんと中身はコンピュータという現代的な魔法の鏡。目覚めて以来、様々なデータから世の中のことを学習中。

兵士A

ひげの似合う兵隊長。

兵士B

平凡な兵士…？

侍女

お妃様の数々の秘密を見ては、知らないふりをするできた人。

- ◆ 本書は「機械学習入門 ―ボルツマン機械学習から深層学習まで―」の続編ですが、本書からでも楽しんで読むことができます。
- ◆ 本書を読んだ後に、機械学習入門を読むこともオススメです。
- ◆ 実は「機械学習」と「ベイズ」は、学習内容的にも関連が深いのです。

第 1 章
こんなところにベイズ推定

お妃様と魔法の鏡、再び

 ## 探し物は何ですか？

　前回は白雪姫の一節から始まった物語。白雪姫が物語の主人公かと思いきや、実はお妃様と魔法の鏡が機械学習について一緒に学んでいくというお話でした。
「お妃様と魔法の鏡は元気ですか？」
　ありがとうございます。ええ、元気ですよ。

　今回の物語は、見えないものを見る方法、知っていることが少なくてもうまく予想をする「ベイズ推定」に関係するお話です。現代技術のほとんどすべてに機械学習が浸透しているように、このベイズ推定の技術も広く行き渡っています。そして何気なく皆さんも利用している考え方であることが分かると思います。
　あ、お妃様と魔法の鏡が今日も何か騒いでいますよ。ちょっと耳をすまして聞いてみましょう。

　「ねー、魔法の鏡なんだから、王様の宝石がどこにあるか教えてよ！」

　「僕は科学的な鏡ですから、そんな魔法のようなことはできないんです！」

「むー。魔法みたいなものじゃない！ おかげで国の様子を調べたり、今後の未来を予想するのにはあなたの力が非常に便利なことは分かってるわ」

「えっへん！」

「だけど、ちょっとは私の役に立ってもいいんじゃない？」

「失くなっちゃったものは探すしかないですよー」

「はぁぁ、1つひとつ探してみるしかないかー。でもお城にはたくさん部屋があるから探すなんて大変」

「別にお妃様1人で探さなくても、兵士さんなり侍女の皆さんに頼めばいいじゃないですかー」

「バレたくないの！ だってあの宝石を失くしたなんてバレたら…」

「あの王様ならきっと笑って済ませてくれるんじゃないですか？ まぁ仕方ないですねー。少しは手伝いますよ。どこにありそうか事前情報はないんですか？」

「どこにありそうかなぁー。あの部屋には絶対ないはずだし、多分私の部屋にもなさそうなのよねー。宝石だから、他の宝石やアクセサリーと混ざっているかもしれないなぁ」

「ふむふむ、この部屋とあの部屋にありそうっていうわけですね」

「ここも怪しいなー」

「まあとりあえず事前情報の提供ありがとうございます。これで何となく絞られていることに気づきませんか?」

「確かに。全ての部屋を闇雲に探すわけではないわね」

「こうやって事前情報を活かした推定をする技術があります。**ベイズ推定**と言います」

「ベイズ推定?」

「直感的に理解しやすいと思いますよ」

「この事前情報を活かしてどうするの? 怪しい部屋を手当たり次第に探すんじゃないの?」

「いえいえそうとは限りません。とりあえず探してみましょう」

「やっぱり探さないといけないのかー。大変ねぇー」

世の中はビッグデータ時代？

　ちょっと前にビッグデータという言葉が流行しました。たくさんのデータを利用することができるぞ、データを解析することで大まかな特徴やトレンドが分かるぞ、という宣伝文句が踊った時代がありました。

　最近では機械学習という言葉が踊っています。たくさんのデータを学んだコンピュータが未来を予言したり、人々に代わって色々な仕事をしてくれるのだというわけです。

　あれれ？　どちらも同じことを言っているのではないでしょうか。時代によって流行する言葉は変わります。変わらないのは中身です。その中身をしっかり学んだ人こそ貴重な人材となります。その中身をしっかりと学ぶことこそ面白いのです。

　そんなわけで今回はベイズ推定について紹介することとなりました。人工知能の基盤技術にも利用されている、しっかりとした基本的概念です。

　ベイズ推定が活躍する舞台は、データの数が少ないときに、人の経験やこれまでの実績などを加味することで、次に起こることがどれくらいありそうかという予言をします。データがたくさんありさえすればそこからうまいこと未来が予言できる時代に、ベイズ推定はどんな役割を果たせるのでしょうか。

　確かに現在はいろんなデータを瞬時に取得することができます。個人の家にビデオデッキならぬハードディスクレコーダーがあり動画データを大量に保存している時代です。利用できるデータ量は確かに増えています。しかし有効活用できる形に成形してみると、使えるデータが実際は少ないことがよくあるのです。

　そしてコンピュータにデータの特徴を教えるのは、やはり人間という場合があります。病気の診断結果などはその最たる例です。その場合は、コンピュータに教えることのできるデータの数は少ないものとなります。決してビッグデータとは言えない、スモールデータの時代なのです。だからベイズ推定は重要な要素技術となります。

 ## 手がかりは大切に

　王様の大切な宝石を失くしてしまったお妃様。
　魔法の鏡は、宝石がどこにありそうか、事前情報はないか、と尋ねてきました。その事前情報に基づき、宝石のありそうな場所に向かいます。

　この事前情報を活かすやり方をベイズ推定というそうです。
　ただ闇雲に探すのとは違うということですが…？

「うーん、なさそうねぇ」

「残念。それではここはなさそうということですね。じゃあ次の場所に行きましょう」

「ちょっと待って、これじゃ普通の探し方と変わらないじゃない？」

「そんなことないですよ、しっかりとベイズ推定をしていますよ」

「どこらへんがベイズ推定だっていうのよ！」

「今この部屋を実際に調べてみましたよね。そうしたらなさそうだ、ということが分かりました」

「そうよ。だから次の部屋に行こうっていうんでしょ？」

「そこ、そこです。事前情報だけでなく、事実も加味して考えましたよね？」

「あ、ここにはありそうって最初思っていたのに、今はなさそうっていう風に考え直したわね」

「事前情報に基づいて、ここにありそうだ、あそこにありそうだ、宝石がありそうな度合いを場所ごとに示したものを**事前分布**と言います」

「分布？」

「場所によって異なる数値や様子が割り当てられている様子のことを**分布**と言います。今の場合は宝石がありそうな度合いの**分布**です」

「事前にここにありそうだっていう期待みたいなものね。それは部屋ごとに違う」

「そうです。その事前分布に基づいて調べてみたら、なさそうだと分かった！」

「そうしたらその事前情報が変わったということ？」

「そう言ってもいいかもしれませんが、この部屋になさそうだ、という事実を加味したと考えましょう」

「ふーん。事前分布はそのままなのか」

「事実に基づいて、この部屋にありそうかなさそうか、それを**尤度関数**と言いまして、事前分布とセットで考えます」

「この部屋にありそうかどうかねぇ」

「何かないですか？ 宝石の匂いがするとか、お妃様が来るとピコンピコン反応するとか」

「そんな便利な機能があったら苦労しないわよ！」

「部屋を調べた結果、そういう手がかりとなる事実を**データ**と言ったりします。ちなみに、事前情報に頼らず、実際に調べた結果のみに基づいて、ここにありそうだと結論づける方法を**最尤推定**と言います」

「それはベイズ推定とは違うの？」

「考えてみてください。実際に調べた結果だけで、どこそこにありそうと結論をつけるんですよ。たーくさんデータを必要とします」

「た、確かに色々な手がかりを集めないとダメね」

「とっかかりとなる事前情報も一切ないから、手当たり次第にお城中を探し回るしかないっていうわけです」

「そんなのやだー！！」

「そこで事前情報を利用して効率よく探しましょう。それがベイズ推定です」

「楽ができるならそっちがいいわ」

最尤推定とベイズ推定

　最尤推定はデータを手がかりに、それらのデータと矛盾しない形でもっともらしい結果を推定するものです。コイン投げをしてみましょう。コインに細工をしていなければ表と裏が繰り返し出てきます。

　試しにコインを一度投げた場合に、表が出たとします。
　最尤推定によると、このコインは表が出てくることしかなかったので、表が出る確率は100パーセントという結果になります。裏は全く出てこなかったので0パーセントというわけです。この推定結果を信じることはできますか？

　おそらくこれまでの経験からそれはないだろうと判断すると思います。
　その経験と最尤推定の結果との違和感を埋めるのがベイズ推定です。あらかじめコインというものは表と裏が出る確率は同じくらいだろうと思うから推定結果に違和感を覚えるわけです。コインの表と裏が出る確率が同じくらいだろうというのが事前情報にあたります。そうすると先ほどの例でコインの表が一回出たとしても、100パーセント表が出るコインだ！　というような事実だけに基づいた極端な結論には行き着きません。
　できれば経験的に違和感のない結果を出したいという立場であれば、このベイズ推定を受け入れることは比較的自然なことと思います。

　一方で歴史的にはベイズ推定をめぐる激しい議論がありました。簡単に言ってしまえば、事前情報は人による思い込みじゃないか、そんなものを採用して良いのか？　という批判がありました。確かに実際に起きた証拠に基づく結論を重んじるという立場からすると、その批判は真っ当なことかもしれません。
　ベイズ推定は登場以来、様々な批判にさらされました。そして現代再び注目を浴びている技術です。その真価についてこの本で少しでも伝えることができたらと思います。

事後確率分布

「尤度関数と事前分布を組み合わせたものを**事後確率分布**と言います」

「確率？」

「部屋に宝石がありそうな度合いを示します。確実にあるわけではありませんので、宝石が見つかる可能性です」

「そうか、確率っていうとおみくじで大吉が出るとかそういうイメージだったけど、可能性ね」

「この部屋にはなかったという手がかりを事前分布に反映させた事後確率分布を、次の探索の事前分布にします」

「あー最初はここにありそうだと思ったけど、実際調べた後に、ここにはなさそうというデータに基づいて変化させたのが事後確率分布っていうことね」

「そうです。それで次の部屋を探す時には」

「また、新しい事前分布として事後確率分布を利用するっていうことね！」

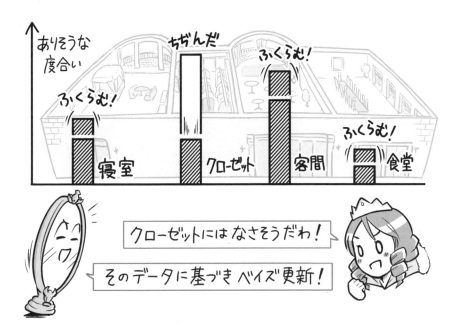

「これを**ベイズ更新**とか言ったりします」

「なんだかもぐら叩きみたいね。打てば引っ込むみたいな」

「全部しらみつぶしに調べるより、怪しいところを探すというわけです。それだけで最尤推定よりも効率良く探索ができそうだと思いますよね。それがベイズ推定の威力です」

「なーるほど！！　じゃあ次はこの部屋が怪しいから行きましょう！」

「事後確率分布を見て、一番ありそうな部屋を探すのは**最大事後確率推定**と言います」

「なんだかカッコいいわね！ Go！Go！」

「ついに…やっと……見つけたわーーー!!!」

「やれやれ…。もう失くさないようにして下さいよ!」

「大丈夫よ! ベイズ推定があるじゃない」

「効率良く探すだけで、失くしたら探すことには変わりありません!」

Column 事前分布の役割

　事前分布として採用するものがあまりにも適当であれば、それは確かに人為的でありあまり歓迎するべきものではありません。
　ただ一度しかコインを投げずに、これは100パーセント表が出るコインだという推定を行うこともどうなのか。どちらも極端な考え方です。

　ここで重要なことは、推定したい対象が何度も実行可能なことや観察できるイベントなのかという問題です。コインを投げるというのは、何度もできることですので、本当に表が出続けるコインなのかどうか、少ない回数でコインの性質を推定するというのは手抜きです。コインの表と裏が出る確率を知りたいとすると、何度も何度もコインを投げて調べることができます。このように多くの検証を積み重ねてデータを取ることができる場合は、証拠に基づき先入観のない推定を行うというのが適切と考えられます。最尤推定はデータをたくさん取ることができるときに選択すると良いでしょう。

　一方で、そのコインを10回しか投げることができません、と制限された場合はどうでしょうか。その場合にコインの性質を探るために最尤推定を行うと、極端な結果を導いてしまう恐れがあります。
　そこで事前情報を利用してベイズ推定を選択することが考えられます。つまり少ないデータを根拠にあまりに極端な推定を免れるという利点がベイズ推定にはあります。特に最尤推定で恐ろしいことは、先ほどの極端な例のように、起こらなかったイベントについて、全く考慮しないことです。コインが表しか出なかった場合に、裏が出るかもしれないという可能性について考慮しない推定となってしまいます。あらゆる可能性について考えるために、事前分布を利用する、これがベイズ推定の重要な性質です。

　そう考えると、事前情報を使う方法というよりも、「もしかしたら？」に備える方法と考えた方が適切かもしれません。

 ベイズの定理

「あーよかった！ 宝石が見つかって！」

「もう失くさないでくださいよー！」

「大丈夫よ、ベイズ推定だっけ？ あれを使えばうまく探せるもの」

「そもそも失くさなければ探す必要も無くなるんですけど」

「そのベイズ推定のベイズってのは何？」

「人名です。トーマス・ベイズ（Thomas Bayes）という人が**逆の確率**という概念を用いて、結果から推定するための考え方の基礎を提案したことに起因します」

「ベイズさんの考え方っていうわけね」

「ベイズの肖像画でよくあるのは、これです」

「ふーん」

「どうもこの肖像画は本人のものではない疑惑がありますが」

「え！ そうなの？ なんで分かるの？」

「髪型がモダンすぎるのが理由だそうです。18世紀の人なんですが、カツラをつけてないっぽいでしょ？ この頃のヘアースタイルはカツラをつけるのが標準的だったそうです」

トーマス・ベイズ
Thomas Bayes
(1702年－1761年)

地毛っぽいから怪しいの…

時代と共にファッションは変わりますから

「ファッションの事前情報は時代に依るということね。ちなみに私の自慢の巻き髪はカツラじゃなくってよ。ところでそのー、逆の確率って何？」

「方程式って覚えていますか？」

「あー。xを求める計算をするやつでしょ？」

「そうです。分からない数値があって、それにまつわる手がかりとして別の数値を教えてもらう。それを逆に解いて分からない数値を知るというものです」

「計算するのは難しいかもしれないけれど、意味は分かるわ」

「方程式では x が与えられたとき、結果として出てくる y が**確実に**こうだから、分かっている数値 y から分からない数値 x を求めます。では、**確実ではない**という場合どうでしょうか？」

「え、まさか y に嘘が混じっているとか？」

「嘘かどうかは分かりませんが。ただ x を求めるのではなく、どれくらい確実か？ 確率を考える必要があります」

「そうか確実じゃないから、それがどれくらいの可能性で起こることかを指定する必要があるのか」

「x という原因のもと、y が出てくる確率のことを**条件つき確率**と言います」

「ただの確率とは違うの？」

「因果関係があるっていうことです。原因と結果に何か関係がある。だから結果から原因について考えることができるわけです。それが**推定**です。確実な場合とは違って、結果から見るとこれが原因かもしれない。やや不安が残ります。そこでその確からしさはこれくらいだよ、と確率によって答えるということになります」

「それで逆の確率という言葉が出てきたわけね」

「その逆の確率の計算のベースとなるのが、**ベイズの定理**です。これで結果から考えられる原因とその確からしさを知ることができます」

「え、結果からその原因と確からしさが分かるの！？　すごい！」

1-4　ベイズの定理

「最近知りたい何か怪しげなことってありますか？ 確実ではないけど、もしかしたらこうなんじゃないかなー？ って想像していること」

「あるあるある！！ あの兵士！ 恋しているんじゃないかな！」

「こ、こい？」

Column 統計的モデリング

　中学生の時に学んだ方程式。$x + 2 = 5$ という式が与えられたときに、$x = 3$ と答えるアレです。小学生の時には算数を学び、四則演算を覚えて計算をすることができるようになりました。

　この例でいうと、算数では $3 + 2 = ?$ とイコールの手前までの式には何も分からないものはなく、計算をすると「?」が分かるという問題をたくさん解いてきました。これを**順問題**と言います。

　それに対して方程式を解くというタイプの問題は**逆問題**です。計算の結果が与えられて、その式の中身に分からないところ x が残されている。その x はいくつでしょうという問題です。

　ここで方程式 $x + 2 = 5$ の結末である5という数字が色々な数字に変わるとどうでしょう。例えば3とか4とか。その場合、5のときとは違う x の値が求まります。ええい面倒だ。y としましょう。$x + 2 = y$ という方程式を考えましょう。

　さて方程式というのは x と y をつなぐ重要な手がかりとなるものです。x と y が何か具体的な対象に関する数値であれば、その数値の間の関係性を示す重要な式となります。このように具体的な対象に関する方程式を立てることを**モデリング**と言います。

　しかしこの方程式にはちょっとよく分からない要素が含まれている可能性があるとしたらどうでしょう。頼りない方程式なんだけど、ある程度は y と x の関係を捉えている。この不確実な要素が推定を難しくしているわけです。不確実な要素を含んだ関係を何とかして数式にして捉えることを**統計的モデリング**と言います。

1-5 同時確率と条件つき確率

「そう、あの兵士、なんだか最近動きが怪しいのよね。あれは絶対恋をしているわ」

「男の人で、恋をしているんじゃないかって疑われるって珍しいですね」

「だって最近ボケーっとしていると思わない？」

「疲れているとは思わないんですか」

「うー。確かに」

「とりあえず、お妃様は"恋をしているならば、ボケーっとしているだろう"と考えたわけですね」

「うん。絶対そう」

「恋をしているかどうか、これがボケーっとしている原因と考えられる要素ですね」

「そういうことね」

「それではまずボケーっとしているかどうか、その確率を考えることにしましょう。こんな風に絵を描いて考えましょう」

「それで恋をしているかどうか分かるの？！ きゃーなんかドキドキしてきた！」

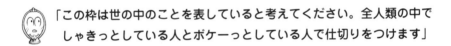
「この枠は世の中のことを表していると考えてください。全人類の中でしゃきっとしている人とボケーっとしている人で仕切りをつけます」

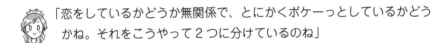
「恋をしているかどうか無関係で、とにかくボケーっとしているかどうかね。それをこうやって2つに分けているのね」

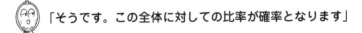
「そうです。この全体に対しての比率が確率となります」

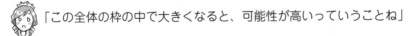
「この全体の枠の中で大きくなると、可能性が高いっていうことね」

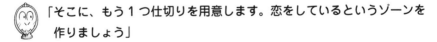
「そこに、もう1つ仕切りを用意します。恋をしているというゾーンを作りましょう」

「じゃあここら辺に。次の図のような感じね」

1-5 同時確率と条件つき確率

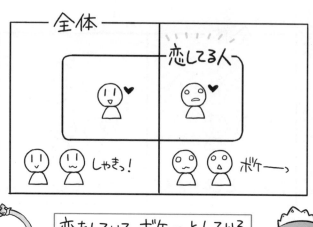

「そうそう。そんな感じです」

「そうするとボケーっとしているゾーンの中で、恋をしているゾーンができるわね」

「ボケーっとしていて、恋をしている、と限定するとさらに狭まりますね。複数のことが当てはまるから条件が厳しいわけです」

「なーるほど。それで確率も小さくなるわけね」

「複数のことが成立する確率を同時確率と言います」

「恋をしているゾーンから出ている人たちは？」

「恋をしていない人ですね。その中でもボケーっとしていたり、していなかったりいろんな可能性がありますよね」

「恋をしていなくてもボケーっとしている人も、まぁいるもんねぇ」

「さてさて本題に行きましょう。**恋をしている人の中だけでボケーっとしている人**かどうか、考えてみましょう」

「恋をしている人の中で…、あ、ボケーっとしている割合が最初と違う」

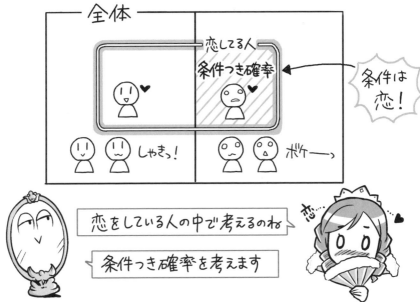

「恋が原因で、ボケーっとしている割合ですから**条件つき確率**です」

「恋をしていることが条件っていうことね」

「そこで僕らが知りたいのは、**ボケーっとしている人の中で恋をしている人の割合です**」

「今度はボケーっとしていることが条件になるから、なるほど逆の条件つき確率ね。図で考えると次の部分ね！」

ボケーっとしている人の中で考えるのは…

逆の条件つき確率ですね

「ここで恋をしている人の中で、ボケーっとしている人の大きさを変えてみましょう。条件つき確率を大きくします。ちょっと枠をずらしていきます。こんな感じに右に」

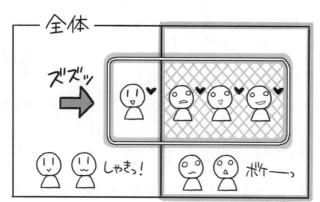

条件つき確率が大きくなると…

逆の条件つき確率も大きくなります

「おおおー！ ボケーっとしている人の中で恋をしている人の割合も大きくなる！」

「ここで条件つき確率と逆の条件つき確率の法則が見えてきます」

「条件つき確率が大きくなると、逆の条件つき確率も大きくなるわね」

「さて、次です。そもそも恋をしている確率を大きくしてみましょう」

「枠を大きくするっていうことね」

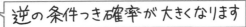

恋をしている人が多くなると…
逆の条件つき確率が大きくなります

「恋をしている枠が大きくなると、ボケーっとしている人の中で恋をしている人のゾーンがやっぱり大きくなります」

「またまた法則が見つかった！ 前提条件にしている恋の枠が大きくなると逆の条件つき確率が大きくなる！」

「ということで2つの法則が見つかりましたね。これをまとめたものが**ベイズの定理**です」

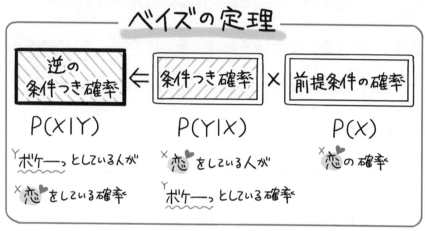

「逆の条件つき確率には、『元の条件つき確率』と『その前提条件としたことが成り立つ確率』が関係しているのね」

「これでボケーっとしている人で、恋をしている人がどれくらい存在するのか？ をある程度予想することができます」

「すごい！ どれくらいの可能性があるのか、分かっちゃうのね！」

「それで気になる、その兵士さんがボケーっとしているから恋をしているという可能性は…」

「おぉおぉおぉーーー！！！」

Column 確率なんて大っ嫌い

確率という言葉があちらこちらに出てきて、嫌気がさしたかもしれません。筆者も正直確率は大っ嫌いです。なぜか。何度聞いても何度考えても、雲をつかむような感覚だから、です。分かったような気にならないのが確率です。

おそらくその原因は確率という言葉が持つあやふやさです。

あやふやさの理由の1つは、「確率1/2のコインだよ」と言われたときに、表が出るのが2回に1回とは限らないことです。通常の日本語的な感覚では、2回に1回と考える人が大勢いるように思われます。

しかし実際には表が2回立て続けに出ることもあり得ます。だから言葉でイメージすることと、実際の現象が乖離（かいり）していることが確率という言葉のあやふやさに繋がるわけです。

それでは確率1/2のコインが意味することはなんなのでしょうか？

仮に何度も何度もコイン投げをしたとして、表が出た割合と裏が出た割合を見てみると、50パーセントに落ち着くという意味です。

これを**頻度主義**（ひんど）的な確率と呼んだりします。

だから確率という言葉は、数回程度のコイン投げの様子を表す適切な表現ではないということが分かります。そのために常識との乖離現象が起こるというわけです。

第 2 章
確率分布とベイズ推定

美への情熱は忘れていないお妃様

 ## イノシシはどこにいる？

　無事に王様の宝石を発見したお妃様。探し物を効率良く見つけるのに役立つベイズ推定という考え方。お妃様は非常に気に入った様子です。

　もっと詳しく読者の皆さんも知りたいかもしれません。

　兵士さんが実際に恋をしているのかどうか気になるところですが…。なかなかしっぽを出さないようです。兵士さんの恋の行方は置いておいて、まずは魔法の鏡と一緒にベイズ推定の世界を覗き込んでみましょう。

　今日はお妃様は魔法の鏡と一緒に外にお出かけをしているようです。

「今日はいい天気ねー」

「なんで僕がこんな外に担ぎ出されなきゃいけないんですか。僕の中身はコンピュータと言って、振動とか厳禁なんですけど」

「たまには外に出てみるものよ」

「ここはイノシシが出やすいですから、気をつけましょう」

「イノシシの住処(すみか)が近いのかしら」

「イノシシなんかに体当たりされたら、**僕壊れちゃうじゃないですか！**」

「大丈夫よ、これだけたくさんの兵士が周りを囲んでいるんだから」

「はい、必ずお守りします」

「あ、でも確かにイノシシがいるみたいね。足跡があるわ。あ、ここにも。この地域に住むイノシシは、チューリップ型の足跡をしているのよね」

「ひぇぇぇぇ。早く戻りましょうよ！」

2-1 イノシシはどこにいる？

「そうですね。ここは離れた方が良いかと」

「あっちの泉の方に抜けたら、いい景色が見られるから行きましょうよ」

「それではちょっと迂回をして向かいましょう」

「ここにも足跡があるわね。どうもイノシシの住処が近いところにあるみたいね」

「早く帰りましょうよー！」

「大丈夫です。こちらには足跡が見当たりませんから」

「っていうことはイノシシはあそこら辺にいるんですね」

「あそこら辺ってどっちよ。お前手がないから分からないってば」

「あっちですよ！」

「なんでそんなことが分かるの？」

「あくまで僕の予想ですけど、住処を中心として、足跡が**ガウス分布**をしていると考えます」

「ガウス分布？」

「こんな形をした標準的な分布をガウス分布と言います。中心の位置を表す**期待値**と、どれだけ広がっているかを示す**分散**によって、その形が決まります」

「期待値っていうのは、イノシシの住処として期待される場所っていうことね」

「その周りに足跡が広がって分布している。その広がり方を分散が示しているというわけですか」

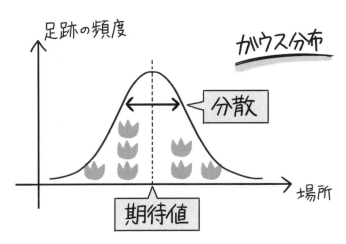

「足跡の分布に合う形ね！」
「よく利用される確率分布です！」

「こういったガウス分布に代表される**確率分布**を用意して、不確実に起こっていることを説明しようとする方法を**統計的モデリング**と言います」

「今の場合はイノシシの住処の近くに足跡が分布していることをガウス分布で説明しようとしているわけね」

「ええ、その説明に用いる確率分布を**モデル**と言います」

「イノシシの足跡の分布を表すモデルかー」

「このモデルは、イノシシの住処がここにあると、足跡がバラバラといろんなところに出てくるよ、という原因と結果の関係を示しているので、条件つき確率であると考えることができますね」

「確かにイノシシの住処があるから、足跡がいっぱいあるわけだもんね」

「僕らがやりたいことは、その逆、推定です。足跡の様子からイノシシの住処がどこにありそうか、を知りたいわけです」

「そうか！ 推定をするためには逆の条件つき確率が必要ということね！」

「そこで逆の条件つき確率を計算するために、ベイズの定理を利用します。それでこの手続きをベイズ推定と言います」

「逆の条件つき確率は、条件つき確率と、前提条件にしているものの確率で決まるっていう話ね。ベイズの定理を利用しているからベイズ推定ね」

「ここで前提条件となるのは、イノシシの住処です。イノシシの住処がどこかにあるという原因があって、足跡が発見されるという結果に結びついています」

「イノシシの住処があるかどうかを示す確率が、前提条件の確率ということかな」

「ええ、場所によってありそうな度合いが異なって分布していることに注意してください。お妃様が失くした王様の大切〜な宝石探しの時と同じで！」

「お前なんでそういうことを口走るの！！」

事前分布は人の勝手？

ベイズ推定には事前分布というものがつきもので、それはあらかじめ決めておくものである。だから人の手が介入していて、それはけしからんという批判があります。しかしこれは実は的外れな批判です。

そもそも統計的モデリングを行う場合は必ず、人の手が介入しています。
この問題はどんな関係式で書かれるべきか、どこに不確実な要素があるか、どんな形で入ってくるのか。その形は千差万別で人間の手でデザインされて利用されるものです。最尤推定を行う場合にも人間の手でデザインされたものを利用するので、人間の手が介入しているというのはベイズ推定と同じです。

人の手が介入することが毛嫌いされるのは、科学的に真っ当な結果を導くために、できるだけ健全にありたいと願うからです。それではどのように客観性を担保すれば良いのか？ こういう方向で研究が進んだおかげで、現代的な統計科学が発展してきました。
確率的なモデリングのデザイン、どんな数式でどんな事前分布でやるかは人為的と言われても仕方ない。代わりにそのモデリングの良さを客観的に評価する方法をしっかりと確立しようというわけです。背後にあるモデルというものを仮定した議論を進めるために、きっちりとデータに合う正解のモデルを当てることに集中しがちですが、必ずしも正解でなくとも、良いモデルを見つけ出すことができれば良いと開き直るところがポイントです。

その良さを決めるのは**予測精度**。不確実な要素が含まれているからこそ、未来を予言するのが難しくて困っているのだから、最大の目標を予測精度に据える。これが現代の統計科学の姿です。

 もっともらしい場所はどこ？

「そうそう、ベイズ推定には事前分布が大事だったわねー。おほほほ！」

「ベイズ推定では事前分布にデータを加味していくことで、どこにイノシシの住処がありそうかを推定することができます」

「事後確率分布だっけ？ それを得ることができるわけね」

「条件つき確率に相当するところは、実際の足跡などの手がかりとなるデータから決まります」

「でも前提条件にしているものの確率なんて想像もつかないわ。だってイノシシの住処がありそうなところっていうことでしょう？」

「それじゃあまずは最尤推定でもしましょうか。事前分布は放っておいて、条件つき確率のみに注目します。条件つき確率が大きいのであれば、逆の条件つき確率も大きくなるという性質を利用します」

「条件つき確率は実際の足跡の様子を手がかりにするんだよね？ どうやるの？」

「実際の足跡の様子に対して、確率分布の形をできるだけ合わせます」

「えーと今はガウス分布で条件つき確率を決めているんだったわよね？」

「ええ、そのガウス分布の形を決めている2つのパラメータを動かして、もっともらしいところを探すというわけです」

「機械学習のときと全く同じね！ パラメータに対応するレバーを動かすのね！ レバーを動かすならお手の物よ！」

「足跡の様子とどれくらい合っているのかを示す数値も尤度関数と言って同じ概念を利用しています」

「それで尤度関数が最も大きいところを推定結果とするから最尤推定というわけね」

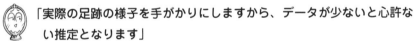

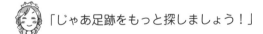

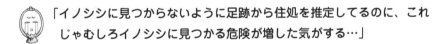

- 「実際の足跡の様子を手がかりにしますから、データが少ないと心許ない推定となります」

- 「じゃあ足跡をもっと探しましょう！」

- 「イノシシに見つからないように足跡から住処を推定してるのに、これじゃむしろイノシシに見つかる危険が増した気がする…」

あらゆる可能性の追求

　ベイズ推定の特徴は、他の可能性の探索にあります。
　事前情報の活用という点がクローズアップされがちですが、むしろこの可能性の探索がポイントです。名前の由来がベイズの定理を活用した推定方法全般をベイズ推定と呼ぶことが多いので、そのポイントを見逃しがちです。

　まず最尤推定であれば、得られた経験に基づき、自分で設定したモデルと最も当てはまりの良いもの、の1つだけを挙げます。この最も当てはまったモデルを用いて、予測分布を構築するというのが最尤推定に基づき予測をするという方法です。

　ベイズの定理を利用すると、尤度関数だけでなく事前分布を活用することで、事後確率分布を得ることができます。
　この事後確率分布に基づき、様々なパラメータの可能性について考慮して、ありとあらゆる予測分布を重ね合わせて、ベイズ予測分布を構築することができます。ここまでくればベイズの本領発揮です。経験になかったところも可能性を考慮することで、予測精度の向上が見込めます。
　そうやって事後確率分布をフルに活用することが大事なのですが、その計算は非常に煩雑なため、最大事後確率推定を行い、事前情報と当てはまり具合の両者がデータとうまく合うもの、の1つだけを挙げることで止まってしまうことがしばしばあります。それでは最尤推定との違いは事前情報の活用だけ、になってしまいます。そのためベイズを使っても大したことないじゃんという印象を持つこともあるでしょう。これはベイズの本当の威力を知らないままとなっているからです。もったいないです。

モデル選択

「まあ確かにイノシシがここら辺にいるかもしれないんだから、迂闊（うかつ）に動き回ったら危ないわね」

「ここで目的をしっかりと定めておきましょう。イノシシがいるのは、近くに住処があるからだ。そこでイノシシの住処を**推定**したい。そして次にイノシシがいるとしたらどこにいそうか**予測**したい。こうやってイノシシの様子を**推測**しましょう」

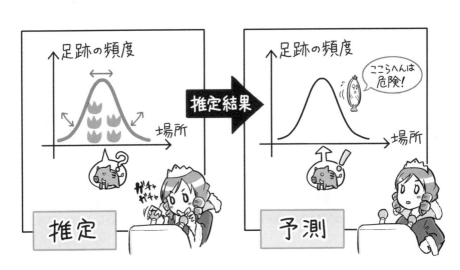

レバーを動かして推定した後は
レバーを固定して予測をする！

「イノシシの住処がこの辺りだろうと推定することができたら、イノシシの足跡が他にどこにありそうか予測できますね」

「推定したイノシシの住処を起点とした**予測分布**を描いて、イノシシを回避しましょう」

「イノシシがどこに現れそうかが分かるということね」

「だからこっちの方に逃げれば良さそうですね。イノシシが現れる可能性も少ない。と思ったのに…ひいいいいい！！！」

「ありゃりゃ。また足跡があるわ。こっちにもイノシシの住処があるのかな？」

「あわわわわ。**汎化性能**が悪かったんですね」

「汎化性能…？　あ！　機械学習のときにも言っていた！　本番の実力のことね！」

「重要なのは、予測が正しいかどうかです。ただ僕らは**真のモデル**を知らない、つまり本当はイノシシがどこにいて、どんな確率分布で足跡が散らばっているかは知らないので予測は大変難しいことなんです」

「例えばさっきのガウス分布ってひとこぶだったけど、ふたこぶのこういう分布を考えてはダメなの？」

「問題ないですよ。2つ以上のガウス分布を組み合わせたものは、**混合ガウス分布**と言います」

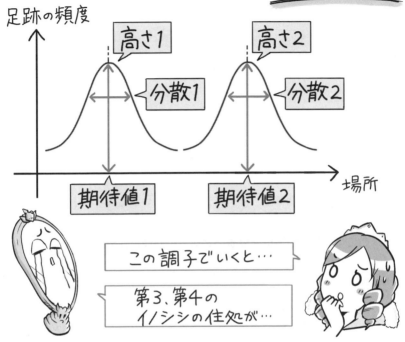

「しかしこれだと…イノシシの住処が2つあるかもしれないっていうことですよね」

「足跡が思わぬところにあったということはそう考えるのが自然かもね」

「2つで済めばいいんですけどねぇ…」

「そうか。別に3つ4つって増えても構わない！ 一体いくつの場合を考えたら良いの？」

「いくつか可能性のあるモデルの中で適切なものを選ぶことを**モデル選択**と言います。ポイントは予測精度の良い、**良いモデル**を追求することです」

「良いモデル？　正しいモデルじゃなくて？」

「ええ、良いモデルを追い求めます。正しい真のモデルは絶対知りようがないですから」

「確かにイノシシが実際にどこに住んでいるか、どんな生活をしているかまで正確には分からないか」

「予測の精度が良いのであればなんでも良いですからね」

「でもそんな予測精度が良いモデルをどうやって探すの？」

「ここで有名な赤池情報量規準というのが役に立つのですよ」

「赤池？？」

「人の名前です。赤池弘次先生が提案されたもので、モデルの良さを決める指標です」

「すごい！　それがあれば良いモデルかどうかが分かっちゃうのね」

「予測精度の良さを示す**汎化性能**について調べると、**モデルに含まれるパラメータの個数が少ない**ほど汎化性能が良くなることが分かりました」

「予測精度を上げるためには、**パラメータの数は少なめ**にする方が良いっていうこと？」

「ですです。シンプル is ベスト！　ってやつです」

「そんなことが分かっているなんてすごい！ しかもなんだか分かりやすいメッセージだし」

「これはかなり深いことを言っているんですよ。複雑なモデルであればあるほど、目の前にあるものに合わせること自体はたやすい。でもそれでは目の前で起こったことを再現することに集中しすぎていて、未だ知らないこれからのことを予測することには注力できていません。**過適合**と言います」

「例えばこの図を見てください。足跡と完全一致していますけど、過適合かもしれません」

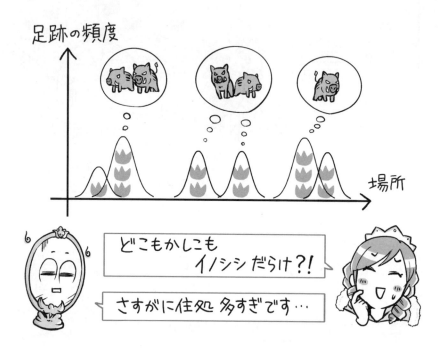

「足跡があったらすぐそばに住処があると考えること自体は、間違ってはいないわね」

「だけど複雑なモデルを考えていることになるので、モデルの中にあるパラメータの数が多くなってしまう」

「目の前のことに意識が行きすぎて予測精度が良くならないのね」

「もちろんモデルを複雑にしてはダメ！ というわけではありません。複雑にした割に当てはまり具合が大して変わらないのであれば、単純なモデルの方が良いということです」

「それじゃあイノシシの住処がたくさんあると安易に考えないで…」

「シンプル is ベストの考えでいきましょう。下図のようになります」

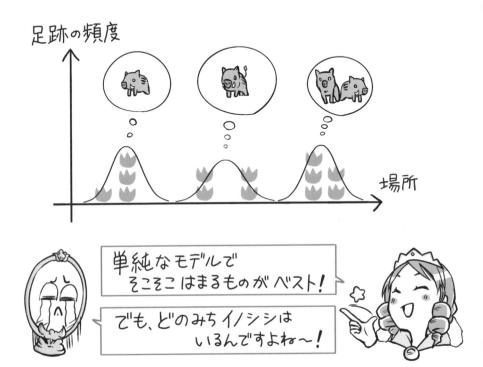

単純なモデルで
そこそこはまるものがベスト！

でも、どのみちイノシシは
いるんですよね〜！

「なんだか古来より伝わるオッカムの剃刀(カミソリ)の話のようですね」

「必要がないなら多くのことを考えるべきではないっていう話ね」

「統計的モデリングにおけるオッカムの剃刀、それが赤池情報量規準です」

2-3 モデル選択

オッカムの剃刀

「何かを説明する際に必要が無いなら多くのものを仮定してはならない」

哲学者のオッカムさんの考え方です。シンプル is ベストとも言えます。

考え方の1つに過ぎないので、赤池情報量規準などモデル選択のための方法に、似たような思想があるからと言って、何かの真理を語るつもりはありませんが、面白いですね。

そしてまた同様の考え方が発展してきています。それが**スパースモデリング**です。あるデータに合致するようにモデルを選ぶときに、できるだけ単純なモデルを選択しようという態度でモデリングを行うものです。ここでスパースという言葉は、パラメータのほとんどがゼロであるという意味です。

スパースモデリングでは赤池情報量規準と同様にパラメータの数を減らすことを意識するのですが、その部分の自動化であったり、よりユーザーにメリットのある形式で予測精度の高いモデルを抽出することが可能です。

後ほど紹介されるスパースモデリングのキラーアプリの1つ圧縮センシングは、顕微鏡から望遠鏡までありとあらゆる計測に革命をもたらす非常に重要な技術です。どこの要素がゼロかゼロではないか、重要か重要ではないかを見極めて、映し出されたものが何なのかを少ない計測データから分析することが可能です。

そのため計測機器から得られるデータに対して、スパースモデリングを適用することでより高速に精度の高い計測結果を得ることができるようになりました。この技術が活用されて、医療分野や天文分野など、これまで見えなかったものが見えるようになりつつあります。

 点推定と分布推定

「今の話は良いモデルを選んで最尤推定をしようという話だったけど。事前知識があったらもっと良い推定や予測が可能なのよね」

「そうです。ベイズ推定しましょう！」

「例えばイノシシは森の奥深くにいそうだっていうのは、事前情報にならない？」

「そういう情報で十分ですよ！ それではこんな事前分布を考えましょう」

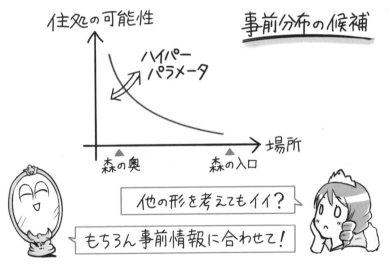

「この事前分布の形を決めているパラメータを**ハイパーパラメータ**と言います」

「森の奥から遠くに行くほどイノシシの住処がなさそうっていうことね。案外ざっくりと決めていいんだ」

「そんな詳細な事前情報があることの方が珍しいですからね。ざっくりで結構です」

「そうするとベイズの定理から事後確率分布を得ることができるわね。ん、ん、んー？？」

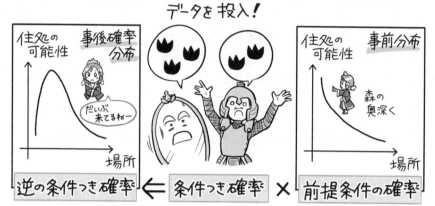

ベイズの定理

事後確率"分布"なんだよね

どこにいそうかの目安です

「どうしました？」

「事後確率"分布"っていうことは、住処がどこにありそうかという可能性が並んでいるっていうこと？」

「そうです！ それがベイズの威力です。イノシシの住処がここにありそうだという可能性を提示してくれます」

「最尤推定だと、ここだ！ って決めてくれたじゃない？」

「そこが大きな違いです。最尤推定は1つの推定結果を提示する**点推定**。それに対してベイズ推定は**分布推定**をします」

「なんだかはっきりしないわね」

「事後確率分布から一番可能性の高そうなところを推定結果としてもいいんですよ？」

「あ、最大事後確率推定だっけ？」

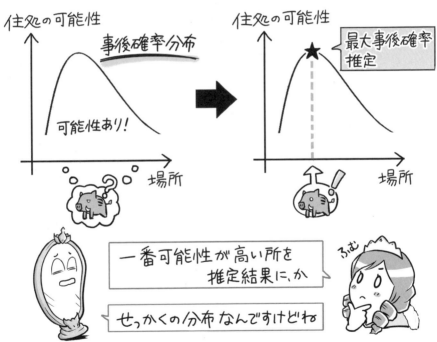

「ただこれだとせっかく得られた分布の情報を活かしていないんです」

「最尤推定と同じで点推定になっているもんね」

「そこで分布の形から、多数決を取った**事後平均**と**事後分散**に注目しましょう」

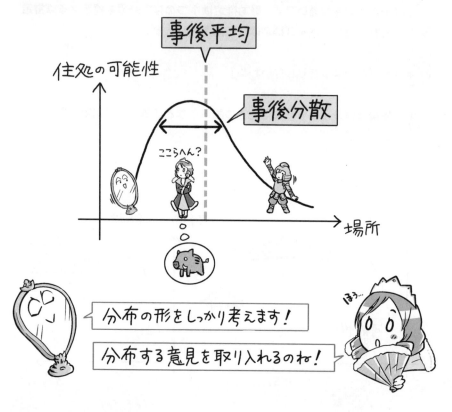

「色々な意見を聞き入れて総合的に判断するのね！ うちの国らしいじゃない！」

「え、お妃様のワンマン国家じゃなかったんですか？」

「ちゃんと王様は民衆の話を聞いているわよ！ ベイズ的国家と言えるかしら」

「様々な意見を取り入れる計算のことを**積分**と言います。事後確率分布を積分して、総合的に判断する事後平均を計算します」

「事後分散は何に使うの？」

「信頼度を測るために利用します。事後分散が小さければ確実、大きければちょっと不安といった具合です」

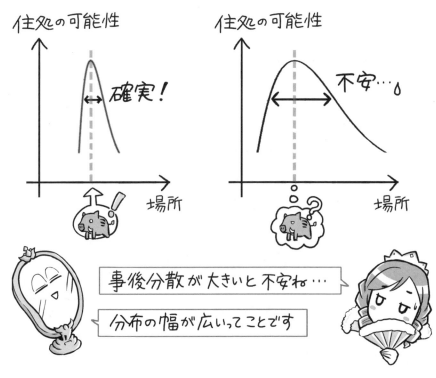

「機械学習のときは微分が役に立って、ベイズ推定では積分が役に立つなんて数学って便利ねー」

「勉強もやっていて損はないでしょう？？ その計算は非常に大変ですけど、ベイズ推定の本当の威力を発揮するためには大事な計算です」

「なーるほどー！ っていうことは予測についてもいろんな意見を取り入れないとまずいわね」

2-4 点推定と分布推定

「その通りです！ 最尤推定と違って、いろんな可能性がありますから予測も様々です。そこで予測分布も足し上げます。予測分布を積分したものを**ベイズ予測分布**と言います。これでイノシシの様子をデータと事前情報から推測することができます。**ベイズ推測**と呼びます」

「やっぱりこの場合も良いモデルを選択する方法があるの？」

「まず**広く使える情報量規準（渡辺・赤池情報量規準）**というのが、赤池情報量規準のように提案されています」

「渡辺？ この場合も同じように単純なモデルが好まれるの？」

「提案者の渡辺澄夫先生から来ています。広く使える情報量規準も、単純なモデルをより好む傾向にあるのが特徴ですね」

「でもモデルを考えるというのは分かったけど、ベイズ推定に良い事前分布を考えることはできるの?」

「もちろんです。事前分布の形を決めるハイパーパラメータを、適切に設定すればOKです」

「どうやって調整するの??」

「事前分布を変えたときに、データとどれだけ合うのかを調べます」

「あ、ちゃんとデータと向き合うのね」

「データとうまく合うことを確認しながら尤度関数と事前分布を積分した**周辺尤度関数(エビデンス)**というものを計算して、これが大きくなるようなハイパーパラメータを採用します。すると、データと事前情報の両方を考慮できます。1つはこういった方法を使うことです」

2-4 点推定と分布推定

「なーるほど。事前分布とデータを取り入れて、様々な意見を聞いた上でいろんな可能性を探るからベイズ推定は強力なのね」

「広く使える情報量規準ではさらに"事前分布とモデルが、どれだけ上手に予測に効いているのか"も調べることができます」

「ちゃんと事前分布の良さを調べる方法が色々と分かっているのね！」

「あのー、そろそろ出発されては？」

「そうですよ！！ 早く出ましょうよ！！イノシシが出てきちゃいますよ！！」

「大丈夫大丈夫。心配しすぎよ」

「少しは僕の意見も聞いて！！！」

ガサガサ！！

汎化性能と一致性

　良いモデルを選択する指標として、汎化性能が良いことを挙げました。未来のことを予測することが目的であれば、それが一番ストレートでしょう。

　赤池情報量規準は、赤池弘次先生が提案した良いモデルを得るための規範となる重要な量で、モデル選択の重要な考え方の走りとなりました。

　やがてベイズ推定の考え方が理解されて、点推定ではなく、分布を推定してそれを利用した場合の汎化性能を調べたいという要求が高まり、渡辺澄夫先生が広く使える情報量規準を提案しました。その名の通り、広く使えます。ベイズの定理を利用して得られた事後確率分布が、後に登場するやや難しいものであっても対応可能です。さらに最尤推定ないしは最大事後確率推定で得られるような、点推定による何か特定のパラメータのものではなく、分布による予測分布の性質を調べることができます。

　一方で、データを作り出している真のモデルが実は背後にあって、それを当てるという立場はどうなのかというのもやはり気になるところではないでしょうか。我々の用意したモデルが真のモデルに合致しているかどうか、これを**一致性**と呼びます。この一致性に注目したものが、**ベイズ情報量規準**です。

　この名前から、どうしてもベイズ推定の良し悪しを判定するものと考えがちですが、真のモデルをうまく当てるという観点でモデル選択をするためのものです。

　このベイズ情報量規準についても、複雑な場合であっても対応できる**広く使えるベイズ情報量規準**が提案されております。

　汎化性能と一致性のそれぞれの観点で、得られたデータから未来、根源を探ることを目指す。これが現代的統計科学の姿です。

第 3 章

機械学習とベイズ推定

みんなのことが気になって仕方ないお妃様

 ## 正則化とベイズ推定

　イノシシの住処がどこにあるのか、足跡の分布から予想をするベイズ推定。さらには次に足跡がどこにありそうか予測をすることまでできるようです。

　そういえば、突然話せるようになった魔法の鏡とお妃様が出会った頃。お妃様は魔法の鏡から教えてもらった機械学習という技術で、女性の美しさを調べる、もとい、作物の不作の原因を探るなど、これまでの傾向を分析して様々なことを自律的に判別・予測するシステムを構築しようとしていました（※「機械学習入門―ボルツマン機械学習から深層学習まで―」参照）。

　そのシステムにも、このベイズ推定の威力を活かすことはできないでしょうか。

　「いやー、機械学習のおかげでだいぶ我が国の様子を分析することができるようになったわ」

　「それは良かったです。うまく活用していただけて何よりです」

「新しく出てきたデータに対して、もっともらしく当てはまる関係をうまく調整しながら見つける。これが機械学習の基本。もーバッチリよ！」

「その関係を表すパラメータの調整のために、兵士さんたちも頑張ってレバーを動かしていますねー」

「そういえば機械学習でも**最尤法**っていうのがあったじゃない？ もっともらしさを大きくするっていう」

「尤度関数を一番大きくするっていう話でしたね」

「そうそう。この前話題になった最尤推定に、事前情報を入れたベイズ推定で色々な可能性を考えたみたいに、最尤法に事前情報を入れれば効率良く精度良く機械学習も実行することができるんじゃないかって思って」

「ええ、もちろんできますよ。色々な可能性を考えることで予測精度を引き上げるという手法は**ベイズ学習**と呼ばれて盛んに研究されています」

「でも計算するのは大変そうね」

「色々な可能性を考える必要がありますからね。素朴に取り入れる方法は最大事後確率推定に対応する**正則化**を用いたものですね」

「正則化？」

「次の図を見てください。例えばこの例ですが、2つの点があって、この点に合う直線を描くとしましょう」

「一番もっともらしいのはその点を通る直線よね」

3-1 正則化とベイズ推定

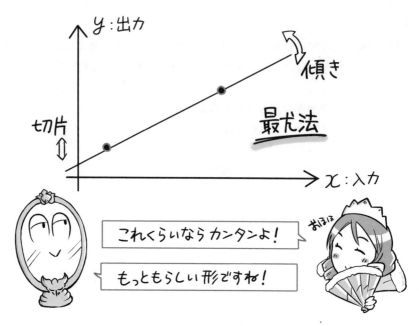

「そうですよね。そのあとにこんな今までと違うデータが出てきたとしましょう」

「んー。それなら間をとってここら辺かな?」

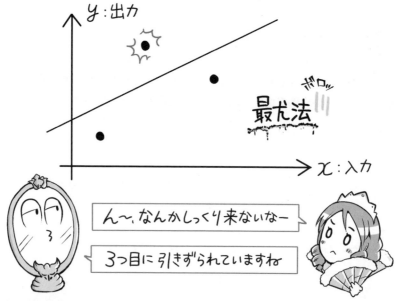

「実はこの3つ目の点がたまたま運が悪かっただけで、**外れ値**だったとしましょう」

「えー。じゃあ考える必要がなかったっていうこと？ 今のなし！」

「ってできないですよね、そのデータについて何も知らないと。一応事実ですから」

「うっ。まあそうだけどー」

「ここであらかじめ事前情報として、そんなに直線の傾きや切片が大きくないと知っていたらどうでしょう」

「あ、さっきの点があっても控えめに影響させるくらいにするわね」

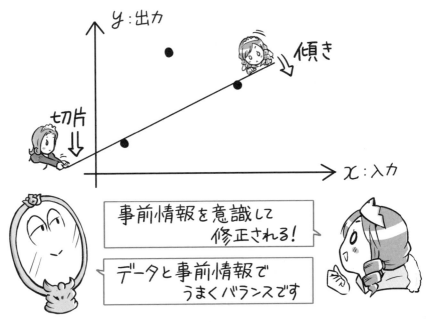

「データを信じて、つまり事実からもっともらしい直線を探すという意識と、事前の経験から直線の傾きを抑えるという意識、この両方を取り入れて最も良いバランスで調整します」

「ベイズ推定と似た考え方ね！ 事前情報を活かすわけね」

「これを正則化と言います。ちょうど事前分布の効果を追加することに対応しています。事前情報を利用して最尤法とは異なる最適化を実行しています」

「ええっとー。傾きと切片がデータに合うように、と考えつつ、でもどちらもあまり大きくならないようにって、事前情報が効いているのね」

「そういうことです。経験とモデルの当てはめをするのが尤度関数。傾きや切片などモデルのパラメータに制限をかけるのが事前分布の役目ですから、今の話はちょうど最大事後確率推定と同じことになりますね」

「ベイズ推定の考えで機械学習もさらに発展しそうね！ え、でもそれってもしかして…。最尤法と最尤推定、正則化と最大事後確率推定が対応しているってことは、機械学習はもしかしてベイズ推定がベースになっている？」

「その通りです！」

機械学習でもベイズ推定

　機械学習の最も有名な手法はニューラルネットワークを用いた学習でしょう。ニューラルネットワークでは、重みと呼ばれるパラメータを用いて、入力されたデータと出力されるべきデータを関係付ける関数を上手く作り出します。データに最も適合するパラメータを探すという問題であれば最尤推定の考え方を利用することができそうです。

　利用する対象は画像や音声などのデータで複雑な関係を持ち合わせているものですから、確実な法則を掴みとるのはなかなか難しいと感じます。そこで様々な確率分布を利用したモデルを用いて、データの関係性には不確実性が潜むことを認めつつ、データの関係性を表すパラメータを調べます。

　確率分布としてガウス分布を用いると、ガウス分布の重要な部分は二次関数で書かれているということを反映して、最尤推定は二乗誤差を小さくする最小二乗法に帰着します。

　最尤推定に対応する最小二乗法があるのなら、事前情報を活かして、ベイズ推定に挑む気持ちになります。しかしニューラルネットワークに対しては、事前情報を持ちようがないので積極的にこれだ！ という事前分布があるわけではありません。

　よく用いられる事前分布はガウス分布やラプラス分布と呼ばれるものです。それぞれ重みの大きさを小さくする効果、重みをゼロにする効果があります。これらの事前分布を利用して、ニューラルネットワークの重みを推定します。推定した後は、得られたニューラルネットワークで予測を行うことが可能となり、この推定結果を利用して未来を予測する機械、いわゆる人工知能を作ることができるというわけです。

　ただニューラルネットワークを多層にした**ディープラーニング（深層学習）**では多くの場合は最大事後確率推定で留まっています。潜在的な予測精度を引き出すためにはベイズ予測分布を作り出すことがカギとなります。

　それを目指して**ベイジアンディープラーニング（ベイズ的深層学習）**の研究が近年、急速に推進されています。

3-2 統計科学と機械学習

「お妃様がお気づきの通り、現代の機械学習の基本は、ベイズ推定などを用いて未来を予測する**統計科学**にあります。**統計的機械学習**と言います」

「統計的機械学習? 機械が勝手にデータを学び取るだけじゃないの?」

「データがどんなものか? って考えたときにいつも同じものが出てくるような確実性があるなら良いですが、やっぱり世の中を見渡してみると多様なものを目にするわけですから、確実なものというよりも、様々な可能性があり色々な結果が出てきて分布するものって考えるのが自然ですよね」

「確かにそうね。それでデータが何かの確率分布に従っていると考えるわけね」

「そうです。その背後にある確率分布のことを、**生成モデル**と言います」

「あ、聞いたことのある言葉がまた!」

「この辺りは復習ですね。それでは統計的機械学習として、機械学習のことを考え直してみましょう」

「面白そう!」

「まず先ほど直線で合わせようとしたデータの話について考えてみましょう。横軸に描かれているのを**入力**、縦軸に描かれているのを**出力**と言います。例えばバネに重りをつけた時のバネの長さを調べるとしましょう。その時はバネにつけた重りの数が入力。バネの長さが出力です」

「重りをぶら下げたら、バネが伸びるという結果が出てきたっていうわけね」

「それでこの入力と出力の関係を知ることができれば、また重りをぶら下げたときに今度はどうなるかを決めることができそうですよね」

「なんだかこの話も聞いたことがあるような。今までの傾向から次に起こることを予測したいっていうことね」

「そこで予測の科学、統計科学の力を借りるというわけです」

「じゃあ例えば最尤推定をする場合には、入力と出力の関係を説明するモデルを立てて、そのモデルの中で今までの経験と一番合っているものを探せばいいのよね」

「今の場合は、入力と出力の関係は直線であるというのがモデルです」

「直線のモデルでうまく合うのかちょっと心配だけどね」

「まずは入力と出力の関係が直線であるというモデルを考えましたが、もしかしたら直線からばらつくかもしれない！ と思いますよね。そういうばらつきのある現象を考えるところで、統計科学の威力が発揮されます」

「確実な関係じゃないかもしれないと考えるのね」

「データって信用ないんですよ。測る人によっては異なる結果になりますし、ちゃんと測っていなければ全然見当はずれの結果になるし。**誤差が生じるわけです**」

「そのあてにならない部分があって、結果が散らばってしまうから分布しているだろうって考えるのね」

「そういうことです。直線の関係が基本なんだけど、そこからばらつくかもしれないと考えて、モデルを立てます」

「ということは、直線を中心としてばらけているって考えるのかしら？」

「そうです。直線が期待値で、ばらつき度合いが分散となるガウス分布がモデルの候補となります」

「最尤推定だと期待値と分散の2つのパラメータを動かして、これまでの結果に一番当てはまるものを探すことになるけど…」

「機械学習では、傾きと切片を調整して期待値に対応する直線を動かすことで、データに一番ピッタリ合うものを探していました。それを最尤法と呼びます」

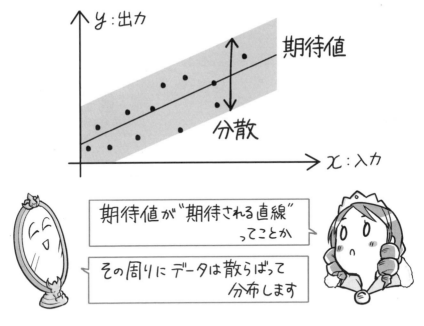

「それじゃあ最尤推定で期待値を動かすところは、機械学習でいう最尤法で直線を動かしているところと同じっていうこと？」

「その通りです。機械学習のベースが統計科学にあることがお分かりいただけましたか？」

「そうか！ じゃあ事前情報として傾きが小さいとかいうのは、モデルの中にある直線に対しての事前情報だから、事前分布を考えることになっていて」

「その事前分布に従ってパラメータを意識しながら、データとモデルをできるだけうまく当てはめようとしています」

「それが最大事後確率推定。機械学習の世界では？」

「正則化と呼んでいます」

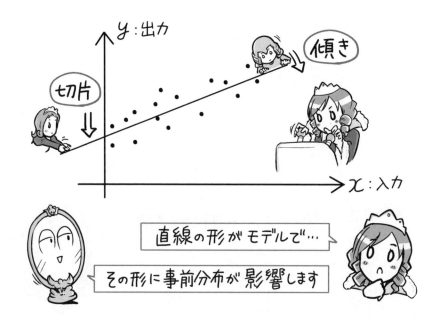

「完全に対応しているわね！ 機械学習も良いモデルと事前情報を組み合わせて、データに一番合うものを探して、それで未来を予測しようとしているのね」

「そういう方法のことを統計的機械学習と呼んで様々な研究が進み、今に至っています」

「ニューラルネットワークでは、入力と出力の間を中間層と呼んで、色々な組み合わせを考えたりしたけど、それは良いモデルを模索していたのね」

「その通りです。そのときに思い出して欲しいのは情報量規準の話です。入力と出力に合わせることだけを考えてモデルを複雑にし過ぎてはダメ。モデルのパラメータの数は少ない方が良いのです」

「あ！！ 機械学習のときにも言ってた（前巻「機械学習入門」参照）。ニューラルネットワークの層を闇雲に増やせばいいってもんじゃないって」

「それが実は汎化性能を引き上げるための秘訣だったわけです」

「なるほどー。じゃあベイズ推定のことが分かれば、機械学習の発展や理解にも役立つのね」

「統計的機械学習のベースがベイズ推定にありますからね」

「そういえば、事前分布を考えるために、傾きや切片が小さい傾向にあるよーって事前情報を取り入れるっていう話でね。正則化って言っていたじゃない？」

「ええ、正則化と言いましたね」

「正則って何？ 正則化っていうことは何かを正則にするっていうことでしょ？」

「鋭い指摘ですね！」

Column ベイズ推測を利用した機械学習

　ニューラルネットワークを利用した機械学習が、その中身の複雑さのためにベイズ予測分布を作るのが大変であるというならば、ニューラルネットワークの代わりに別の方法を用いて機械学習を行えば良いではないか。
　こうした発想の最たる例がカーネル法ではないでしょうか。

　カーネル法は後に紹介されるように非常に簡単な方法でベイズ推定を行うことができる、かつベイズ予測分布を構築することができます。ディープラーニング登場以前から威力を発揮しており、特に**サポートベクターマシン**の性能を引き上げることで多くのタスクを実行するのに役立てられてきました。
　よく分からないけどとりあえず入力されたデータをぐしゃぐしゃぐしゃっと変形させておき、その変形させた世界で考えたら識別がしやすくなるんじゃないかという非常に大胆な方法です。ぐしゃぐしゃと変形させると聞くと不安ですが、数学的背景もきっちりと理解されており、信頼のできる方法です。
　このぐしゃぐしゃと変形させる方法は、前巻「機械学習入門」でも登場した**非線形変換**によるものです。どんな非線形変換を実行するか、カーネル法ではその部分について選択の余地があります。カーネル法は学習時間が非常に高速であるため、様々な非線形変換を適用して、その性能の良し悪しを比較することが容易です。使う場面によっては非常に強力な手法となります。

　もちろんニューラルネットワークの重みに事前分布を導入した上で、ベイズ推測を頑張って実行する方向の研究も進んでいます。その際、勾配法でニューラルネットワークの最適なパラメータを探す途中で、色々な可能性を探るためにわざとパラメータを揺らす方法が提案されています。

 # 正則なモデルと特異なモデル

「まず**正則なモデル**というのは、例えばガウス分布のように、パラメータを動かすと、その動きに対応して分布の形がちゃんと変形するものを言います」

「ガウス分布の場合は、期待値と分散の2つのパラメータを動かしたわね」

「そうすると広がったり、平行移動したり、色々な形に変わりますね。形とパラメータがちゃんと対応する。これが正則なモデルです」

「ふむふむ。これが正則化の正則、ね」

「さて次です。この前、イノシシの住処が複数あった場合について考えましたよね」

「混合ガウス分布っていう、ふたこぶのガウス分布を考えたわね」

「ああいうモデルには欠点というか、やや困った問題が生じます」

「問題?」

「次の図を見てください。まず最初はせっかく2つのガウス分布を考えたのに、2つの期待値が同じ場合。これはひとこぶのガウス分布と同じことですね」

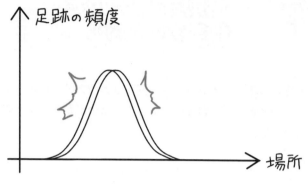

せっかく ふたこぶの ガウス分布なのに
ひとこぶの ガウス分布と 一緒に…

「せっかく混合ガウス分布を考えたのに、もったいないわね」

「こうなってしまうと、2つのガウス分布の大きさをいくら変えても重なった1つのガウス分布とした場合と何も変わりません」

「じゃあガウス分布の大きさを変えても手応えがないというか、1つのガウス分布より性能が良くなったりすることはないわね」

「そういうことですね。さて次に2つのガウス分布の片方の大きさが非常に小さくなってしまい、やっぱりひとこぶのガウス分布と同じ場合はどうでしょう」

「これもせっかく混合ガウス分布を考えたのに1つのガウス分布と同じことになっちゃうわね」

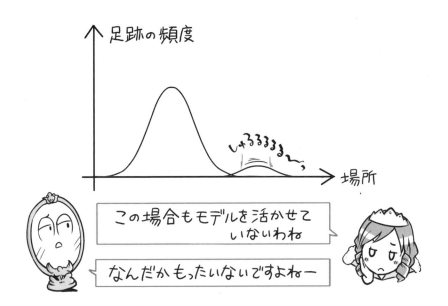

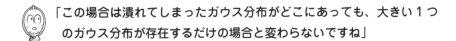

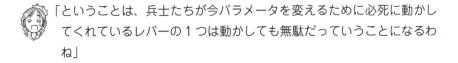

「この場合は潰れてしまったガウス分布がどこにあっても、大きい1つのガウス分布が存在するだけの場合と変わらないですね」

「ということは、兵士たちが今パラメータを変えるために必死に動かしてくれているレバーの1つは動かしても無駄だっていうことになるわね」

「でも兵士さん、頑張ってレバーを動かしていますよね。いろんな可能性を探すために」

「うん」

「得られたデータに対して、パラメータをいくら動かしても全く挙動の変わらないことが起こり得るモデルを、**特異なモデル**と言います」

「えっ！ ニューラルネットワークってパラメータを変えるレバーがたくさんあるからもしかして…」

「はい。ぶっちゃけ特異なモデルです。パラメータを動かしても全然性能が変化しないということがよく発生します」

「えええぇっ。じゃあパラメータを動かしても動かしても、うまくいくとは限らないのー？！」

「はい。それがニューラルネットワーク、特に深層学習の大問題です」

「そんなー。私の機械学習帝国計画がー！！ なら諦めるしかないの？」

「そんなこと考えていたんですか！」

「こんなにたくさんの兵士とお手伝いさんが頑張ってるのに〜〜！」

「そういう問題があるので、正則化を利用したり、最近はニューラルネットワークの最適化では別の大胆な方法で特異なモデルに潜む問題をクリアするようになったんです」

「正則化だけではないのね。別の方法のその大胆なことって?」

「**適応的勾配法**と言います。ちょっと兵士さん。レバーを動かしてパラメータを変化させてみてください」

「は、はい!!」

「…あんまり変わらないわね。なんだかもどかしい!」

「原因がさっき話題になった特異なモデルだからだよ、と知っていたらどうしますか?」

「そうねー。そもそもパラメータを動かして性能が全然変化しないんだったら、そのレバーをなくしてしまえ! って思うわね」

「うまくモデルを選んでいたらよかったんですけど、良い方法があります。ちんたら変化させても変わらないんだったら、一気に動かしてしまいます」

「こんな感じですね、ぐいっ!!」

「あ、変化が始まった!」

3−3 正則なモデルと特異なモデル

「特異なモデルに現れる、性能が全然変化しない領域を**プラトー**と言います。このプラトーを抜け出すと性能が向上する。つまり、**ニューラルネットワークが目覚める**わけです」

「なんだか人間みたいね。勉強すればいつかは目覚める！」

「勉強すれば、ですけどね。深層学習が流行する前から、この目覚め現象をどうやって引き出せばよいのか、精力的に研究されていました」

「それが、このレバーをぐいっと押すということですね」

「ニューラルネットワークの最適化の舞台では、標準的な方法となっています。このレバーの動かし方を工夫して、特異なモデルでも何とかうまく最適化しようという方法は、かなり前から**自然勾配法**という方法を甘利俊一先生が提案されていて、深層学習の効率の良い学習方法の基礎となっています」

「あれ、機械学習のことを教えてもらったときに、ニューラルネットワークの目覚めには鞍点(あんてん)から早く抜け出すといいよっていう話があったわよね？」

「ええ、確率勾配法を紹介したときですね。ざっくりと学習した方が良いっていう話でした」

「今の話もニューラルネットワークの目覚めに関係しているわけよね」

「このプラトーは鞍点とともに現れます。特にニューラルネットワークでは、非常に長い溝のような鞍点とプラトーが現れます」

「そこをうまく抜け出す工夫が必要っていうことなのね」

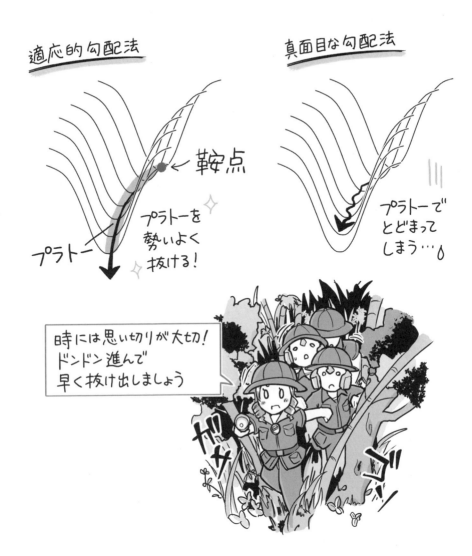

「だから機械学習では、正則化だけではなく確率勾配法と適応的勾配法を組み合わせて最適化するのが標準的になっています」

「よーし、どんどん最適化の効率が上がっていくわね！ 頑張って！」

「は、はい！！！ ぐいいいっと！！」

Column 勾配法の進化

　ニューラルネットワークにおける機械学習では、多くの場合には最大事後確率推定を実行しています。モデルのパラメータである重みを変化させながら、最もデータにうまく当てはまるものを正則化で事前情報を意識しながら探すようになっています。

　その際に実行されるのが勾配法です。パラメータを少し動かしてみて、うまくデータに当てはまるようになったら、その方向にパラメータを動かせば良いと判断します。もしもうまくデータに当てはまらなくなってしまった場合は、逆に動かすようにします。これが勾配法の基本です。

　問題はどれぐらいの大きさでパラメータを動かせば良いのか？　というところです。このパラメータを動かす幅を**学習率（学習係数）**と呼びます。この幅の調整を自動的に行うものを適応的勾配法と呼びます。自動的に行うためには何か判断材料が必要です。

　そこで甘利俊一先生は、丸み（**フィッシャー情報行列**）に注目しました。パラメータを動かしていくと確かにデータとうまくはまっていく。そのはまり度合いが順調に良くなる場合は、パラメータの値が丸まっていない平坦な坂にあると判断して、一気にそのまま進もう。はまり度合いがそれほど良くならない場合は、丸まっている坂だから反り返っている。そのまま進むとスキーのジャンプ台のようにどこかに飛んでいってしまう。だからパラメータを慎重に変化させるようにしよう。鞍点があり溝のような場所は丸みのない平坦なところだから、どんどん進もう。

　このように丸みを知ることで、適切な進み方を判断しながら、勾配法の自動調整を可能にしました。**自然勾配法**の登場です。かなり先駆的なアイデアであり、現代のディープラーニングの活躍を支える方法の数多くが、この丸みに注目した勾配法に類するものです。さらなる改良はどんなアイデアから登場するのでしょうか。

3-4 データが足りない！

「適応的勾配法が特異なモデルであるニューラルネットワークの最適化に有効なことは分かったわ。それじゃあ正則化は何の役に立つの？正則化って言うぐらいだから、正則化を使えば特異なモデルは正則なモデルになるんじゃないの？」

「いつでも完全に解消できるわけではないですが、それなりにそういう効果があります」

「なかなか手強いわね。特異なモデル」

「特異な性質、**特異性**を持ってしまうのは、モデルとデータの関係が深く関わっているからです。正則化がうまく機能してその特異性を解消するのは、モデルの複雑さに対して、データが少ない場合です」

「データが少ない場合？」

「次の図を見てください。例えばこんなデータがあったとしましょう」

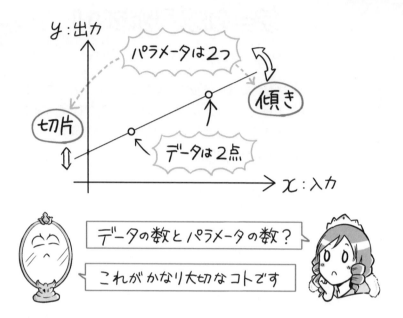

「何か直線で合わせるのが良いかもね」

「直線のモデルが良さそうですね。傾きと切片の2つのパラメータを動かして一番合うものは1つに定まりますね」

「できた！」

「ここで注目して欲しいのは直線のパラメータは2つ。それに対してデータが2つあることです」

「パラメータの数とデータの数が同じね」

「パラメータの数が、モデルの複雑さを表します。さて、ここでデータの数を減らしてみましょう」

「んーーーー？ データが1点だとそれに合う直線はいくらでもあるわ」

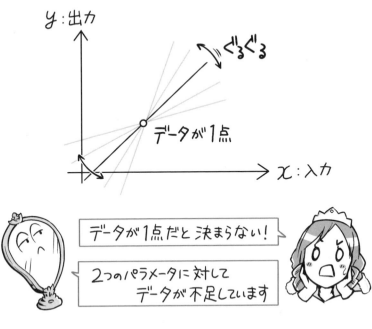

「レバーの手ごたえもありません！」

「この場合、いろんな直線がデータに合ってしまうわけです。データが少ないせいで、違う直線であってもデータに合ってしまって、パラメータを1つに決められないっていう状況になっているのです」

「モデルのパラメータが2つなのに、データは1つで足りていないっていうことかー」

「レバーを動かしてパラメータを変えたとしても、うまく当てはまっていることには変わりがないですからね。当てはまり度合いも全然変わらないプラトーがやはり登場します」

「分かった！ 特異性っていうのはパラメータを1つに決めるのが難しくなっちゃうっていうことだ！」

「ざっくり言うとそういうことです。モデルが複雑なせいで特異性をもってしまう。これがニューラルネットワークの最適化で問題になる特異性です。どんなデータなのか分からないので、複雑なモデルを用意しがちです。そうなると特異なモデルと向き合う必要がある。そこでレバーの動かし方を工夫することにしました。これがさっきの適応的勾配法の話です」

「でも今はモデルに対してデータが少ないから困っている」

「ええ、データが少ないせいで生じる特異性というのもあります」

「あ！ それを解消するのが事前分布を利用した正則化っていうことね？」

「そういうことです。例えば傾きは小さいはずだ！ って事前に知っていれば、1点しかないデータであっても、とりあえず傾きが小さい直線を書けば、事実に矛盾せず事前情報にも矛盾しない結果になりますよね」

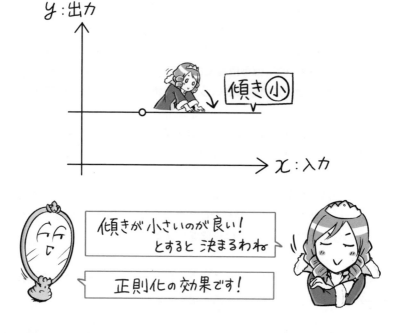

「本当だ。1つの結果に収まった！ それで事前情報を利用するベイズ推定の考え方が効いてくるわけね」

「実はこれはお妃様の高校生の頃のテストの結果です。横軸は受けた月、縦軸は成績です」

「ちょっとぉ〜、傾きが小さいはずっていう事前情報はどこから来たのよ！！」

Column ニューラルネットワークの理解に向けて

　丸みに注目した勾配法の話を先ほどしました。この丸みと特異性には密接な関係があります。パラメータを変えたときにどこもかしこも丸みを持っている場合、**正則なモデル**と呼びます。この場合にはパラメータの最適化を行うと必ず1つのところに収まるという性質があります。

　一方で上記の条件から外れると**特異なモデル**と呼ばれて、パラメータの最適化を行うと、いろんな結果を取るようになってしまい、どれか1つに絞ることができません。ただ正則なモデル、特異なモデルという名称は、モデルの性質のように聞こえますが、モデルそのものの性質ではなく、実はデータとモデルの関係で正則であるか特異であるかが決まります。そういう意味ではやや混乱を招く用語で、初学者を迷わせる要因となります。

　さてニューラルネットワークは残念ながら特異なモデルであり、最適なパラメータがどこにあるのか分からない、うまく最適化のできないプラトーが存在するという障壁がありました。現在では、そのプラトーを抜け出す適応的勾配法の活躍により効率良く最適化をすることができるようになりました。しかし複雑さゆえに、今度は最適化するたびに色々な結果が生じてしまうという問題に直面しました。どれが最も良いパラメータなのでしょうか？

　最近分かってきたことは最適化の結果、誤差関数の狭い谷底に落ちた場合と広い谷底に落ちた場合には、広い谷底に落ちた方が汎化性能が良い傾向になるようです。鞍点を上手く抜け出せるようになった後は、広い谷底へ上手く落とせるような方法の開発が進んでいます。

 ## 過学習を防ぐ

「そうかー。データとパラメータの関係が大事なのかー」

「機械学習にはデータがたくさん必要と言われる理由の1つが、データの数とパラメータの数の関係から生じる特異性にあります。データに潜む複雑な関係を捕まえるために、ニューラルネットワークでは複雑なモデルを組み立てますよね」

「だけどそのモデルのパラメータを完全に決めるためには、データが足りないっていうことね」

「モデルの複雑さからくる特異性をクリアするためには確率勾配法や適応的勾配法がありますが、データが足りないせいで生じる特異性もありますから、やっぱりデータは必要です」

「そこで正則化が必要とされるわけね」

「正則化で必ずしも当たるようになるとか、予測精度が上がるわけではないですが、データが足りない時に何も決められないという問題点を克服することはできます」

「なるほど。データが足りないからって諦めないためね。正則化でとりあえずの結果を出せるようにするというのは分かるけど、他に何かご利益みたいなのはないの?」

「**過学習を防ぐという効果もありますね**」

「機械学習で習ったやつだ! あまり勉強しすぎも良くないよっていう」

「目の前にあるデータに合わせ過ぎないようにするっていうものですね」

「イノシシの住処を予測する時に過適合っていう似たような言葉があったけど、もしかして」

「ええ、同じ概念です。目の前の出来事に合わせようとし過ぎて、予測精度が落ちてしまう現象です。例えば、こんなデータがあったとしましょう」

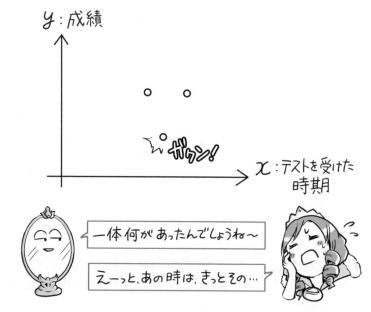

「真ん中が凹んだデータだから、そういう関数が合うのかな」

「これまたお妃様のテストの結果を利用しています」

「なんでお前はそうやって個人の情報を勝手に使うの!!」

「例えば二次関数を持って来ましょう。二次関数は頂点の縦の位置、横の位置、あと鋭さですね。この3つがパラメータになります」

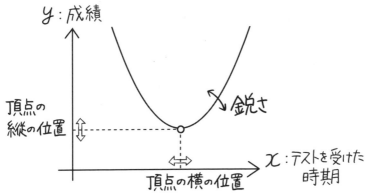

関数の形を決めるパラメータは3つ

形の複雑な分だけパラメータがあります

「全くもう！ 3つ動かすパラメータがあるっていうわけね」

「その3つを動かして一番データに合うところに収めましょう」

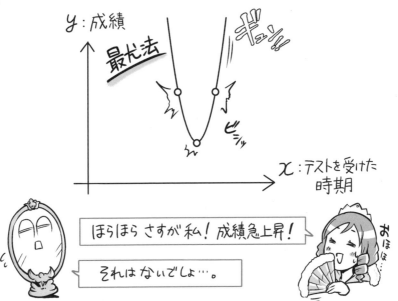

3-5 過学習を防ぐ

「うん。いい感じに収まったじゃない！ ほら私の成績は急上昇！ 素晴らしい未来が待ち受けているわ！」

「そうですか？ この真ん中のデータがイレギュラーなものだったらどうでしょうか？」

「そうなのよ。この日ちょっと色々考え事していてテストどころじゃなかったのよ。ウンウン。そういう事情を考慮しないとね！」

「目の前の結果に合わせ過ぎてはよくないかもしれません」

「そうか。この結果に引きずられていたら、予測が外れてしまうわね」

「そこで二次関数の鋭さはあまりないように、広がった形であるべきだという正則化をします」

「鋭さを表すパラメータが小さくなるようにっていうことね。データにも合わせつつ、できるだけ広がるように調節すると」

「お妃様がそんな急に成績が良くなるわけがないですからね」

「しっつれいね！ そんな簡単に成績が上がらないっていう一般的な常識に従った事前情報でしょ！」

「その事前情報に基づいてベイズ推定を行うというわけです。それを正則化という形で機械学習では実行します。データにあまり合わせ過ぎないようにすることで予測精度を保つわけです」

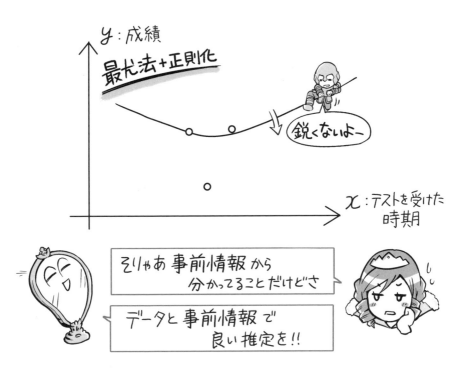

「んー。たまたま成績が悪かったのを考慮してくれるのは嬉しいけど、あんまり成績が急上昇しないだろうっていう予測をされるのも、それはそれで腹たつわね」

「こういう時間変化を示すデータに対して、そのまま関数を当てはめることの危険性でもあります。このグラフの形にもっと積極的な理由があれば別ですが、あくまで今までの結果に当てはまる形を描いたに過ぎません。機械学習は内挿は得意だけど、外挿は苦手なんです」

「内挿？ 外挿？」

3－5 過学習を防ぐ

「これまでに得られた結果をつないでいくような予測をするのが内挿、得られた結果を延長していくのが外挿です」

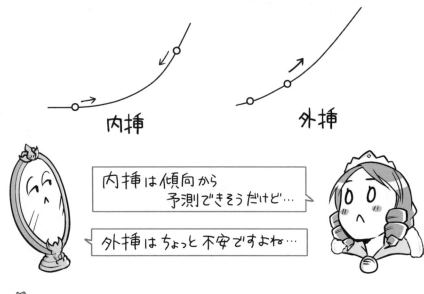

「じゃあ未来を予測するのは難しいっていうこと？」

「未来がどうやって決まっているのか？ その法則を掴むように機械学習を実行することが重要です。例えばこのくらい勉強した、試験で出てくる分野の難しさはこうだ。お妃様が集中できているとか、そういう状況に応じて成績がどのようになったのか？ メカニズムを調べないと未来について予測することは難しいのです」

「そうか。成績だけを見て線を描くとさっきみたいな急カーブになっちゃったけど、成績が低かった日の状況を思い出してみたら、勉強していなかったわ。理由がちゃんとあるのよね」

「機械学習を使うとか、データを解析するとか、世界中で流行の兆しを見せているようですけど、ぜひデータと向き合う時の考え方として大事にしてほしいですね」

「成績そのものだけを気にしていてはいけないのね」

「そういうことです。しっかりと勉強をしましょう！ ただし効率の良い方法で、です」

「その効率の良い方法を教えてよ〜！」

未来を予測する詐欺に注意

　機械学習や人工知能という言葉が踊るようになって、未来の予測をコンピュータがする時代だ！　という触れ込みで多くの技術が開発されています。本当に未来を予測することはできるのでしょうか。

　現在や過去の状況から、未来が決まっているのだと考えるのは自然なことでしょう。そのため結果に繋がる原因とその関係をしっかりと考えることが重要です。

　例えばものの動きにはニュートンの運動方程式と呼ばれる動きのルールが存在します。その方程式の発見には、天体の動きに関するケプラーの法則が重要な貢献を果たしています。天体の動きも、目の前にあるりんごについても、同様のルールでものの動きが決まっていると考えてニュートン（Isaac Newton）さんは運動方程式を見出しました。

　さらに大元であるケプラーの法則は、ブラーエ（Tycho Brahe）さんが取得した膨大な天体の動きに関するデータをケプラー（Johannes Kepler）さんが解析した結果をまとめたものです。データから法則を導き出す、まさに機械学習がしていることと同じですね。

　そこで大切なことは、単にグラフの形を推定するのではなく、ケプラーの法則のように天体の動きをしっかりと記述するモデルを推定することです。そのモデルを利用して良い予測が初めてできるようになります。

　未来を完全に予測することは難しい問題であり、ただデータを数字として見るだけではダメだ、そこに潜むモデルを捕まえることに意味があるということを知っておきましょう。

第4章

不可能を可能にする
ベイズ推定

あやふやな事前情報を入手する兵士さん

 # 謎の少女との出会い

　数々のデータから未来を予測する機械学習の背景には、ベイズ推定を含む統計科学の考え方が取り込まれていました。予測精度を引き上げるためにベイズ推定に関係した正則化や、それ以外にも適応的勾配法といった様々な手法が提案されているようです。この章ではベイズ推定のさらにすごいところを紹介することにしましょう。

　そういえばお妃様から恋をしている疑惑を持たれていた兵士さん。どうやらついに尻尾を出したようです。

「むむむ…美しい女性が！　これは調査しなければ…！」

「…何か？」

「あの…。ど、どうしよう！　あ、あ、あの…好きな料理はなんですか？」

「…ナンパですか？」

「そうですよね。これじゃあ単なるナンパですよね。ハハハ」

「不思議ですよね。お料理は色々な食材が組み合わさっているはずなのに、人はその味でどんな食材が含まれているのか見分けることができるんですよ」

「え？」

「あ、私ったら変なことを。でも不思議じゃありませんか？」

「は、はい！ 不思議です！ 不思議です！」

「この街の食べ物は美味しいんですよ。ぜひ楽しんでいってくださいね。旅の方…ですよね？」

「はい！ 明日帰っちゃうんですけどね」

「それは残念です。またいらしてくださいね」

「は、は、は、はい！！ ……ということがあったんです！！！」

「へえぇーーーーーーー」

「ほほぉーーーーーーー」

「いや、あの、それだけです」

「やっぱり様子がおかしいと思ったらそういうことねー。ベイズ推定で出した事後確率分布の通りだったわー」

「青春ですねー」

「ちゃんと仕事しなさいよー！ プライベートは自由だけど」

「は、はい！ もちろんです！ こちらに調査結果をお持ちしております」

「はーい。データはこちらに入力してくださーい」

「確かに不思議よね。料理って色々な食材の味が混ざっているけど、その中の食材を区別できるっていうのは。人間の味覚ってすごいわねぇ」

「もしかしたら最近注目を集めている**スパース性**の効果かもしれませんね」

「スパース性？」

「ほとんどない、という意味です。人間の脳の情報処理の仕方がそうなっているかどうかは分かりませんけど、混ざりあったものから正しく推定をする方法としてスパース性を利用したものが注目されています」

「機械学習の話でもちょっと出てきた記憶があるわ。どんなことをするの？」

「スパース性というのは事前情報の1つです。だからベイズ推定を利用するときにスパース性を取り込みます」

「事前情報に使うっていうことは、機械学習でも正則化の形で使うことができるのね」

「例えばニューラルネットワークって複雑なモデルで、中にはたくさんパラメータがありますよね」

「たくさん兵士やお手伝いさんが駆り出されて人員配置に困っているくらいよ」

「スパース性を利用した正則化、**スパース正則化**を利用すると、そのパラメータの調整のときにいっそのことパラメータをゼロにしようとします」

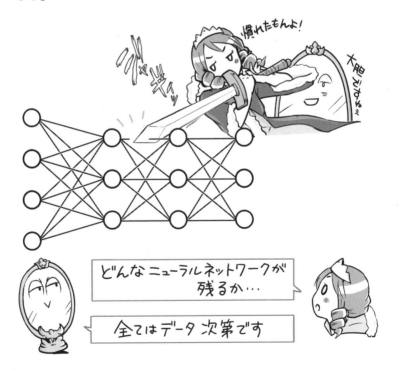

「あ、関係なさそうだったら切っちゃえっていうあの方法ね！」

4-1 謎の少女との出会い

「このスパース正則化はデータが少ないときに非常に有効な方法です」

「データが少ないときは、パラメータがたくさんあると、特異性を持ってしまうんだっけ」

「ええ、その特異性のためにパラメータをちゃんと決めることができなくなります」

「そのために正則化をするっていう話だったけど？」

「スパース正則化ももちろんそういう役目があります。ただスパースにするということは、そのパラメータをなかったことにするというわけです」

「完全に切っちゃうわけだから、パラメータがなくなったようなものなのね」

「実際に決めなければならないパラメータの数を減らして、データが少なくても問題がないようにするのです」

「余計なことを考えないように、バッサリ断捨離するのが良いのね。新しい鏡、買おうかなー！」

「えええええええっ。ってそれ僕を捨てることを匂わせておいて、結局買っているから断捨離じゃないですよ」

「バレたー？」

Column データ同化

　天体の動きに関するケプラーの法則の話が出てきましたが、地球惑星科学の分野でもベイズ推定が利用されています。地球惑星科学というのは、地球を始めとする惑星の構造や環境、気象変化などを取り扱う分野です。
　この分野では**データ同化**と呼ばれる方法論において、ベイズ推定が活用されています。データ同化という考え方は、天体の動きなどをシミュレーションする方程式を用意しておき、仮想的に天体の動きをコンピュータ上で表現します。そして天体の動きを実際に観測したデータとコンピュータ上で表現された仮想的な天体の観測データ、これらを比較してできるだけ同じになるように方程式を改良していくという方法です。

　方程式にはたくさんのパラメータがあります。そのパラメータが変化すると、天体の動きもまた変わっていきます。もっとも良く実際の観測データと一致するものを選ぶ。これがデータ同化です。
　このデータ同化に成功すると、天体の動きを定めているパラメータを推定することができます。またパラメータの推定結果を天体の動きの予測に活用することができます。
　もちろん観測データにも不確実な要素がありますし、天体の動きの関係にも不確実な要素があります。これらの不確実な要素を確率モデルとして取り扱って、ベイズ推定を利用する流れは容易に想像のつくことでしょう。

　このデータ同化におけるベイズ推定の有名な応用事例がカルマン（Rudolf E. Kalman）さんが提唱したロケットの軌道を推定する**カルマンフィルタ**です。この技術はカーナビゲーションシステムにおける車の位置の推定などにも活用されています。
　こんなところにもベイズ推定が浸透しているんですね。

 ## 第2の逆問題

「そのスパース性というものと、料理の味から食材が分かるという話は一体どういう関係にあるんですか?」

「料理って色々な食材や調味料が混ざっていますけど、舌で分かるのは甘いとかしょっぱいとか限られた情報ですよね」

「そうかー。得られるデータが少ないっていうわけね」

「たとえ話として聞いて欲しいんですが、限られたデータから推定をするわけですよね。だからベイズ推定の考え方で考えてみましょう」

「イノシシに追われたあの日の話ですね」

「その話はやめてください、思い出すだけで怖くなるじゃないですか。さて、味は色々な食材が組み合わさっていますから、重みがかかって足し算されたものだと考えてみましょう」

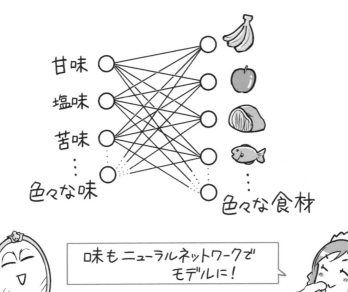

　味もニューラルネットワークでモデルに！

その気軽さがイイところですね

「ニューラルネットワークの考え方と同じね！ 入力がそれぞれの食材が使われた量で、出力が料理の味、どの食材がそれぞれの味にどう影響するのか、ニューラルネットワークみたいに表すのね！」

「甘さやしょっぱさや苦さなど、様々な味覚ごとに同じようにニューラルネットワークのような関係を考えれば良いです」

「これがモデルというものですね」

「これでスパース性が関係しているっていうのは、ニューラルネットワークを切っちゃうっていうこと？」

「いま知りたいことは、料理の味がどの食材の味から来ているのか？ですよね」

「そうね。出力された料理の味から、どの食材が使われたかの入力が知りたい。あれれ？ 機械学習とは違う？」

「機械学習は、入力と出力からその間の関係を調べるという**逆問題**でしたね」

「いま知りたいのは、出力から入力のことを知りたい！」

「もう1つの逆問題、**連立方程式を解く**というものが今回の目標です」

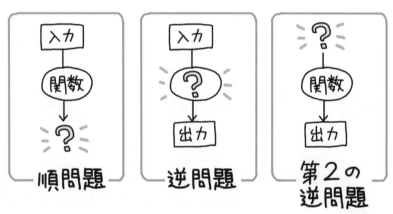

中学生の頃にやっていた方程式は逆問題なのか

小学生の算数はいわば順問題です

「あ、中学生の頃にやった！」

「膨大な食材の中からどの食材が使われたのか？　その入力を知りたい。だけど料理の味という少ない出力から当てるわけです。情報は少ないのに、知りたいものが多い、式の数は少ないのに**未知数が多い方程式**のことを、**劣決定系方程式**と言います」

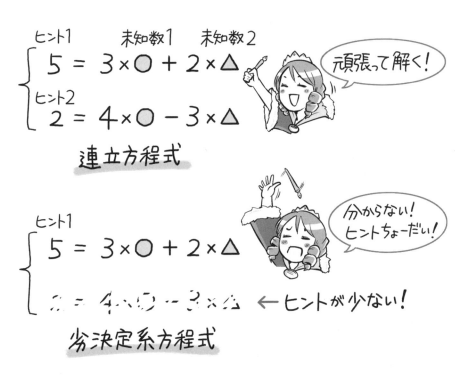

「少ない情報ということは、解くためのヒントが少ないわけですね」

「そうです。ヒントが少ないけど、もしも事前にほとんどの食材が1つひとつの料理にそんなに使われていないということを知っていたら？　つまりスパースであるという事前情報を用いたベイズ推定を利用してみましょう」

「そうか！　方程式の中から、未知数を先に消しておけるわ」

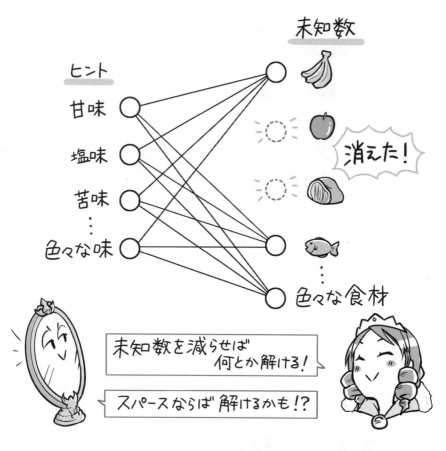

 「そうするとヒントが少なくても十分解くことができるようになります。学校の授業では、方程式の数と未知数の数は一致していないとダメ、と教わります。それが常識でした」

 「確かにそう教わりました！」

 「だけど実際には、方程式の数が少なくて未知数の数が多くても、**本当に重要な未知数の数が実は少ない**ことがあって、その場合は解けるんです。そのための考え方がスパース性です」

「常識がひっくり返った！ すごいことじゃない！」

「ここで未知数がスパースであるという事前情報をうまく活用しています。どこが必要のないところなのかを探すところがポイントになりますが、その方法論が確立して常識をひっくり返すことができました」

「機械学習といい、すごい進歩ね」

「最近の技術の発展は、機械学習もしかり、この逆問題がうまく解けるようになったことに尽きます」

連立方程式が研究の最前線？

　連立方程式をどうやって解くのか？　それが今の話題として上っていますね。意外に思われたかもしれません。研究の最前線ではきっとものすごく難しいことが行われていて、僕には私には分かるわけがないんだ。そう思われることもあるでしょう。前巻「機械学習入門」でも触れましたが、本屋さんに行くと、数式の嵐、プログラムの羅列で、新しい技術はきっと自分には手の届かない問題なんだ、と諦めることもあったかもしれません。

　しかし実際に利用されている数学はそれほど難しいものではありません。微分とか積分とかが登場しても実際にそれを計算するのは人間の手でというよりもコンピュータの力を借りてという場面の方が多いのです。

　そういった意味で数式に惑わされるよりも、何をするのか、実行する方法とそれを実行するのは何のためか、実行すると何ができるのかが分かることの方がよっぽど大事です。そうでなければ、数式なしのこういった書籍は成り立たないと考えます。

　数式があると逆に怖いのは、その数式の形にならないとダメなんじゃないか？　できないのではないか？　と過学習気味になることです。もっと広くアイデアを出すためには、そうした縛りから解放されていることも大事ではないかな、と思います。数式はあくまで表現するための言葉の1つです。アイデアを実現するために本当に計算を必要とするのであれば、そのとき初めて手を動かして計算しても間に合います。大切なことは「どんなことができるのか」、それを利用して「自分ならどうするか」を考えることです。

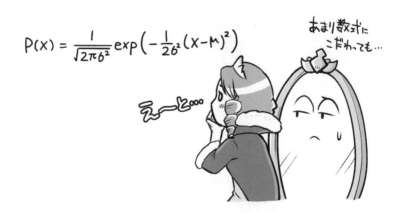

4-3 どうやって方程式を解くの？

「それで実際のところどうやって方程式を解くの？」

「いい質問ですね！ それじゃあ連立方程式をどうやって解いていたかということから思い出してみましょう」

「確か図を描いて考えていたような…」

「多分こうやって2つの直線を描いて考えていたと思います」

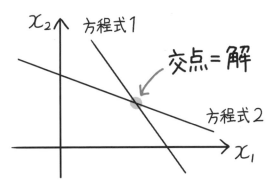

「あ、なんか覚えがある。この直線の交点が答えになるのよね！」

「未知数2つであることが、軸が2つあることに対応しています。そして方程式の数だけ直線があります」

「2つの方程式に矛盾しないように、2つの直線を共有している交点が答えになっているのね」

「お妃様って、意外に数学分かっていますよねー。じゃあ方程式の1つを無くしてみましょう。情報が不足している状況です」

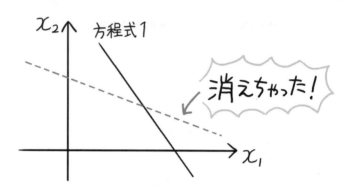

「"意外に"が気になるけど、まぁいいわ。これじゃあ交点がないじゃない！」

「図で示して見るとはっきりと分かりますよね、情報不足っていう様子が」

「えーじゃあどうするの？」

「ここで利用されるのがスパース性です。軸の上に注目してみましょう」

「軸？」

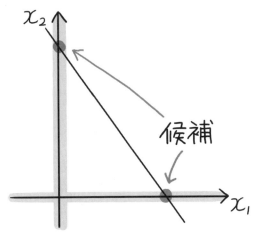

 軸の上！って決めたら、スパースな解が見つかるわね

 あくまでスパースな解を候補にしているだけですよ

「軸の上というのは、どちらかの変数を0(ゼロ)にして考えるということです」

「どちらかを0に、スパースにして考えるっていうことね！」

「そうすると、情報は不足しているけれど、代わりにスパースな解を候補として出せます」

「候補？」

「ええ、注意して欲しいのは、見つかるのはあくまで候補であって、正解に当たるかどうかは別です」

「当たらないの？！ダメじゃん！」

「それなりに条件があります。まず大前提は正解がスパースであること、です」

「そんなの分からないから方程式を解くんでしょう？」

「正解はスパースのはずだということを、事前情報として使えば良いのです」

「そうか！ 正解がスパースであると考えられる問題であれば、この候補が当たるかもしれないっていうことね！」

「そういうことです。だから対象となる問題設定に注意してくださいね。ただこの軸を見る方法は、考える軸の数が増えてくると時間がかかるようになってきます」

「解くのに時間がかかるっていうこと？ 確かに 1 つひとつを 0 にしていって、しらみつぶしに調べていくのは大変そうね」

「**計算量爆発**という問題が生じます。そこで L_1 ノルム最小化（えるいち）というのを利用します」

「L_1 ノルム？」

「さっきの図に、45 度傾いた正方形を描いてみてください」

「ん。こんな感じ？」

「その正方形の大きさのことを L_1 ノルムと言います。正方形の大きさができるだけ小さくて、直線にぶつかるものを描いてみましょう」

「こうかな？ あ、軸の上で直線にぶつかった！」

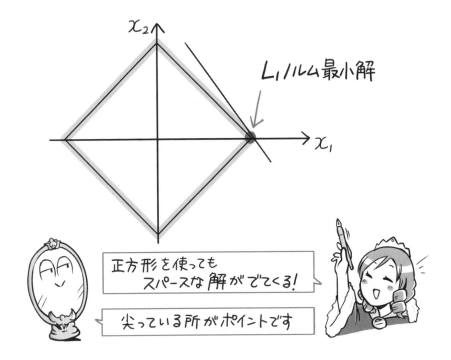

「軸の上を直接見るのではなく、正方形をだんだん大きくして初めに直線にぶつかるものを探すと、計算量爆発を引き起こさずにスパースな解を見つけることができます」

「これならすぐに計算ができるっていうことね。すごく便利だけど、他にもその…なんとかノルムってあるの?」

「他にも有名なものとしては L_2 ノルム(えるに)というものがあります」

「それはどんなものなの?」

「お妃様が大好きな円を描いてください。この円の大きさのことを L_2 ノルムと言います」

「円なら任せて！ これも直線にぶつかるものを描くと良いのね？」

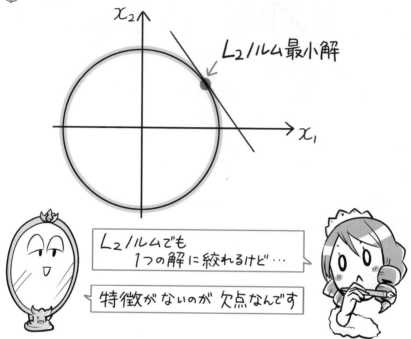

L_2ノルムでも1つの解に絞れるけど…

特徴がないのが欠点なんです

「そうすると円が直線に接するところでぶつかりますね。これはL_2ノルム最小解と呼ばれて、方程式の解の候補となります」

「それじゃあL_1ノルムかL_2ノルムを使えば、方程式の数が不足していても**何かしらの解を得ることができる**のね。だけどL_2ノルムだとスパースな解にはならないのね」

「これまではL_2ノルム最小解が情報が不足している問題の解として利用されてきました。だけどスパースな解だよ、といった特徴がありません」

「じゃあ正解がスパースだとしても、当たる可能性はないわけか」

「円というのはどの方向にも平等に離れたところですから、どの軸が大事か、どの x に大事な数値があるかを選択するというのに向いていないんです」

「さっきの L_1 ノルムは正方形で尖っているわね。だから選択するのに向いているのね」

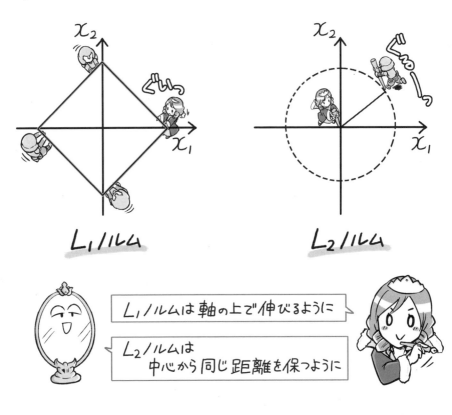

L_1 ノルムは軸の上で伸びるように

L_2 ノルムは中心から同じ距離を保つように

「基本的には尖った形であれば L_1 ノルムのように**変数選択**をすることができます。ただ計算するのが難しかったりするので、使いやすい L_1 ノルムがよく利用されます」

「なるほどねー。意外に素朴な方法でできるのね。ねーねー意地悪なことを言ってもいい?」

「どうぞどうぞ」

「こうやって、方程式から決まる直線が正方形に平行だったらどうするの？」

「しっかりとそういった場合についても、ちゃんと解決方策があります」

「ぬ…。どうやるのよ！！」

「L_1ノルムとL_2ノルムの両方を利用する、**エラスティックネット**というものがあります」

「あれ、さっきL_2ノルムはダメっていう話じゃなかったっけ？」

「ダメというわけではないですよ。適材適所に活用するのが大事なんです。エラスティックネットではこんな形を考えます」

「あ、少し正方形が膨らんだ！」

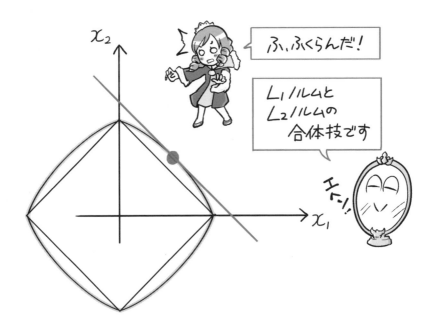

「L_1 ノルムの正方形に、L_2 ノルムの丸いという特徴を加味して、少しだけ膨らんだ形にするわけです」

「そうすると確かに1個の解が選ばれている」

「しかもちょうど中間点に位置しています。これはどちらの軸も大事だろうというわけです。エラスティックネットでは、L_1 ノルムのように尖った形をする特徴を残しておくことで、基本的にはスパースな解を選びます。でも L_1 ノルムだけだと際どい変数選択の問題が残る場合に、L_2 ノルムによる丸みでサポートします」

「参りましたー」

「こうやってスパースであるという前提条件に合わせて、うまく工夫をすれば解けないとされている問題も解けるようになります。事前情報の活用の好例ですね。事前情報を加味して解の推定を行っているので、ベイズ推定がここでもうまく利用されているというわけです」

4-3 どうやって方程式を解くの？

「なーるほど！　事前情報としてスパースであるということを利用したのね。このスパースであるという事前情報は、機械学習でもベイズ推定を使っていたから利用できるわよね？」

「もちろんです。ニューラルネットワークの重みのうち、どれが重要な重みかどうかを選択するのに役立ちます。スパースであるという事前情報を加味して、さっきみたいに、方程式やニューラルネットワークの重みなどで、重要な要素を見出す技術を**スパースモデリング**と言います」

「それは是非活用したいわね！　どうやるの？」

「お妃様が一声かければ簡単ですよ」

「え、どういうこと？　なんて声をかけるの？」

「パラメータがゼロかどうかはっきりしなさい！　って言ってください」

「ええ？　それだけ？！　パラメータがゼロかどうかはっきりしなさい！」

「びくっ！！！！　は、はい！！！！！」

「こうすると、パラメータがゼロかどうか怪しい小さな場合は、**お妃様を恐れて**ゼロに潰してくれます。だけどパラメータが割と大きいなあと思う場合は**お妃様を恐れて縮こまりますのでちょっと小さめにして**くれます」

「それじゃあ脅迫じゃない！」

「この操作を行うことを**軟判定しきい値関数**と言います」

「でもそうすると機械学習の場合だったら、データに合わせるという目的は失敗するんじゃないの？」

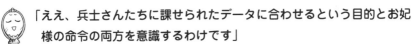
「ええ、兵士さんたちに課せられたデータに合わせるという目的とお妃様の命令の両方を意識するわけです」

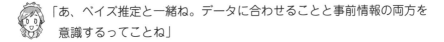
「あ、ベイズ推定と一緒ね。データに合わせることと事前情報の両方を意識するってことね」

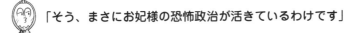
「そう、まさにお妃様の恐怖政治が活きているわけです」

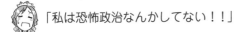
「私は恐怖政治なんかしてない！！」

スパースモデリング

　連立方程式を解く場合に、未知数の数と方程式の数を揃えないと解けないよ、そういうふうに学生の頃に学んだと思います。数が揃っていないものは不定方程式とも呼ばれたかもしれません。解を1つに定めることができないというわけです。数が足りないから解を決めることができない、決める能力に劣るということで、劣決定系の方程式とも呼ばれます。

　そんなところにその常識を打ち破る話題が出てきました。スパースであれば劣決定系の方程式であっても解けるよというのです。そんな魔法のような言葉なかなか信じられないかもしれません。

　スパースであるというのは、変数が多くあってもその中で数字が埋まっているところはほとんどない、という意味です。確かにもしもそうであったら、未知数として本当に考えるべきところは実は少ないということですから、情報が多く必要ないというのもなんとなくうなずける事実です。

　ただし大きな問題があります。そもそもスパースであるという仮定は正しいのか？

　僕らは人の顔や風景を見るときに、全体をなんとなく眺めて誰であるとか何が写っているとか即座に判断できます。それは山の形とか典型的によく知られたものに関しては瞬時の判断をして細かいところを意識しないで認識するためです。それができるということは、スパースな表現ができるはずです。これとこれ、あれとあれがあるという指示だけで風景を表現する、このあれこれを指示する部分はスパースですよね。風景全体を指し示すためにどんな代表的で重要な要素があるのかを指定するだけですから。その重要な要素がどんな姿であるかは様々な経験から取り出してくれば良いというわけです。この経験部分をデータから自動的に抽出する方法を**辞書学習**と言います。

　重要な要素がどこにあるのか指示をするスパースな表現を用いて、少ない情報からでも当てることのできる舞台を用意する辞書学習と、その舞台で少ない情報からでも知りたいことを調べる**圧縮センシング**、これらを合わせてデータの本質部分に迫る方法論を**スパースモデリング**と呼びます。

 ## 4-4 驚異の圧縮センシング

「それにしてもどの食材が入っているのかが分かってしまうのも、もしかしたらベイズ推定かもしれないって考えると面白いわね」

「さっきの劣決定系の方程式の解き方を利用した技術のことを特に**圧縮センシング**と言います」

「圧縮センシング？」

「何かを調べるときに必要なデータは本当は少ないかもしれない。そこに注目して少ないデータを取得して知りたいものを調べる方法です」

「少ないデータからでも、スパース性に注目すれば答えが分かるからね」

「例えばこの圧縮センシングの技術を使えば、血液検査とかで病気の菌が入っているかどうかを調べたりすることが効率的にできるようになります。**グループテスティング**と呼びます」

「なにそれ、いかにも役に立ちそうじゃない」

「ふふふ。例えば100人くらいの血液を用意します。その中でごくごくわずかの人だけが病気にかかっていたとしましょう。それを探すことを考えてみましょう」

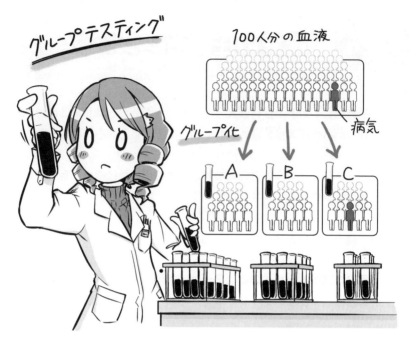

「それは100人全部調べなくちゃいけないんじゃない?」

「そう考えるのが自然かもしれません。でもここでその血液を混ぜていくつかのグループでまとめちゃいます」

「ええっ?! そんなことしたら誰の血液か分からなくなっちゃうし、誰が病気か分からないじゃない!」

「あ、もしかして、これは先ほどの料理の味と同じ状況じゃないですか?」

「あ、そっか。いろんな人の血液が混ざっているのは、料理に色々な食材が混ざっているのと似ているわね」

「調べられるのはグループの中に病気があるかないか。だけど病気にかかっている人はそもそもスパース、ほとんどいないとしたら?」

「よく分かんないけどスパースだから、L_1ノルム最小化を利用すれば解けるかも！！」

「病気ではない人を0に、病気の可能性がある人を0ではないものとして方程式を組み立てた上で、L_1ノルムを利用することでうまく当てることができます。ここで未知数の数は調べる人の数、方程式の数は調べるグループの数に相当します」

「方程式の数が少なくても良いから、効率的に調べられるわね！」

「失礼します！ 大変です！ イノシシが街中に！！」

「ひいいいいい！！！ イノシシ！！！」

「あー。やっぱり食べ物不足が影響してイノシシさんも餌を求めているんだわ」

「街の住民にも被害が出ているようですので、見逃すことはできません！」

「駆除しましょう！ 駆除しましょう！」

「むー。イノシシさんには可哀想だけど対策するしかないわね」

「襲われた街はどこですか？」

「特に被害が出ているのは、南の街です！」

「！！ …大変だ！」

「あら、血相変えて飛んでったわ。これはこれは本当に恋の予感？！」

「そんなことよりイノシシ対策、早く始めましょう！！」

　街で声をかけたあの少女の安否が気がかりな兵士さんは、大慌てで彼女の住む南の街に向かいました。

　そしてイノシシ対策を急遽策定することになったお妃様。

　果たしてうまく対応することはできるのでしょうか。

Column 圧縮センシングによる計測革命

「少ない情報で見えなかったものを見えるようにする」

驚異の技術、それが圧縮センシングです。顕微鏡から望遠鏡まで、何かを見るときには目で見えるようにするための装置があります。

たいていの場合はレンズを利用して、小さなものを大きくすることで見えないものを見えるように人々は工夫していました。今日ではレンズで直接そのものを見るだけではなく、間接的に別の情報を探ることで見たいものを見るという方法まで採用されています。

一例としてMRI（磁気共鳴画像法）があります。人間の体内を覗くための技術です。人間の体内には、膨大な量の水があります。その水の中には小さな磁石のようなものがバラバラに散らばっている状態になっています。

この小さな磁石をぐるぐると回転させると微弱な電磁波が放出されます。この性質を利用して、体内の様子を探ろうというのがMRIの基本原理です。体内から発生した電磁波の様子を調べることで、間接的に体内の様子を見えるようにします。ここで電磁波は体内の色々なところから発生しており、色々な電磁波が重なった情報として得られます。この重なった情報から1つひとつ体内から発生した電磁波を分解していく処理をします。

ここで圧縮センシングが利用できます。

色々な電磁波が混ざっている。それでも電磁波の発生源がもしもスパースであれば、少ない情報からでも体内の画像をしっかりと得ることが可能であるというわけです。

少ない情報というのは2つの意味があります。1つは本当に少ない情報しか取れない場合。もう1つはあえて情報を少なくする場合。MRIにおいては後者の場合を利用して、高速に体内の様子を探る技術を確立することができました。体力のないお年寄りや小さい子どもにはMRIによる検査が難しいこともあります。高速な検査技術が必要とされるわけです。発展途上国でMRI装置がまだ少ないのに検査を待つ患者が沢山いるときにも、この技術は救世主となります。

第 5 章

カーネル法と
ベイズ的最適化

外国の文化にも詳しいお妃様

 ## 困ったときのカーネル法

　イノシシが食料を求めて街中に出てくる事態となり、急遽対応に追われるお妃様と魔法の鏡。

　お妃様はもう十分に機械学習、ベイズ推定についての理解が進んできました。
もしかしたらうまく解決する方法を思いつくかもしれません。
見守っていきましょう。

「イノシシを駆除するために罠を仕掛けましょう」

「どこに罠を仕掛けましょうか。数も限られていますし、設置にある程度時間も必要です」

「イノシシの住処がどこにありそうか、ガウス分布で足跡の分布に当てはめたら期待値という形で分かったけども。今は住処がどこにあるかよりも、イノシシがいる可能性が高いところが重要よね」

「分布の形そのものですね」

「予測分布を描くことで、もっともらしい形を描くことはできるわね。んーでも分布の形、何かのグラフを描くのだから関数を作ると考えてもいいのかしら」

「ニューラルネットワークを利用しますか？」

「ニューラルネットワークで学習するには時間がかかるのが問題なのよね。今回はそんな難しい問題じゃないと思うし」

「それでは以前のように、混合ガウス分布で推定することにしますか？」

「期待値と分散を動かしながらちょうど良いところを探すのがやっぱり手間なのよねー。しかもガウス分布の数がいくつかも考えなきゃダメだし。なんか、こうスパッと解ける良い方法はないかしら」

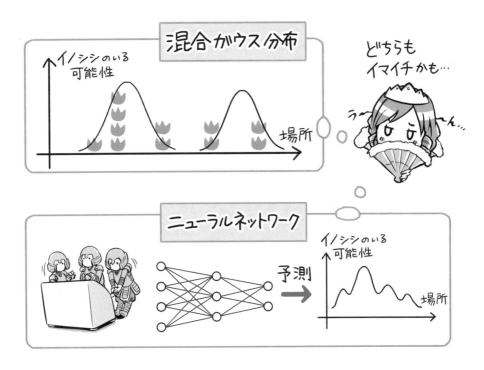

「そういうときは**カーネル法**でスパッと求めると良いです！」

「カーネル法？」

「いろんなところに、同じ形のガウス分布をとにかくたくさん配置することを想像してください。次の図のようなイメージです」

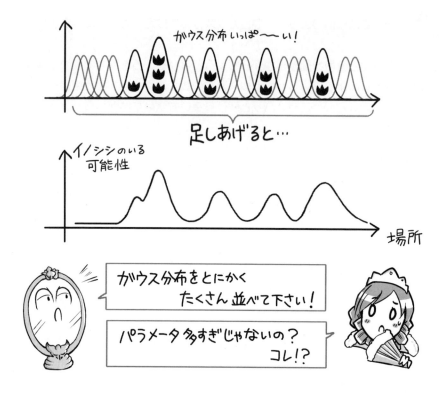

「ふむふむ。ガウス分布を重ね合わせて、複雑な分布を作り上げるようなモデルね」

「それぞれのガウス分布をどれだけ大きく利用するのかを表す重みが、ここで利用するパラメータですかね」

「だけどこんなにたくさんのガウス分布を使うことにしたら、重みのパラメータの数が多すぎないかな？」

「そこで利用するのが正則化です。重みのパラメータが基本的に小さくなるように L_2 ノルム正則化というのを利用します」

カーネル法と深層学習

　最近はディープラーニング（深層学習）ブームがひとまず落ち着き、機械学習の各種方法に注目が行き始めたところかと思います。

　ディープラーニングの登場前夜、機械学習の有力な方法といえばカーネル法やそれを利用した応用例でした。カーネル法の利点はとにかく学習は容易でありながら、高い汎化性能を持つことでした。データの数が少ない場合でも比較的高性能を持ちます。ディープラーニングが登場したこと、その性能により圧倒されて、少し印象が弱くなってしまったのが残念ですが、問題によってはカーネル法の威力は目を見張るものがあります。

　ディープラーニングは、中にあるニューラルネットワークのパラメータをひたすら調整して最適化するわけですが、そのために多くの情報を必要とします。データが大量にあるような問題で適用することが望ましい方法です。そのため多くの適用例では画像を中心とした比較的データを取りやすいものが対象となっています。一方でデータが少ない問題に対しても、非常に高速に学習を済ませて、かつ良い性能を持つカーネル法は、ディープラーニングが苦手とする問題に適用することが可能です。

　どの方法がどんな状況で役に立つのか。それをちゃんと押さえることで適切な方法を選択し、スモールデータに挑戦してあっと驚く結果を導いていきましょう。

 # リプリゼンター定理

「この前は L_1 **ノルム**を使うと連立方程式が上手く解けるという話だったけど、L_1 ノルムではダメなの？」

「L_2 **ノルム正則化**は、ゼロに近いパラメータを完全にゼロに落とすということまではしません。できるだけ小さくなるようにっていうおまじないです。そうすることでたくさんの重みパラメータがあっても過適合をしないようにすることができます。ただカーネル法では、非常にたくさんの重みパラメータを扱うので、L_2 ノルムで十分に重要なところを選び出してくれます。しーかーも！ 実は簡単に計算ができちゃいます」

「それなら今の状況にぴったりじゃない！」

「だからどのガウス分布を利用するかを示す重みパラメータが一瞬で分かります！ さーらーに！ **リプリゼンター定理**というすごい定理があります」

「定理？」

「同じ条件であればいつも成立する法則のことです。リプリゼンター定理が教えるところでは、L_2 ノルム正則化により重みパラメータの数がデータの数だけに抑えられて過適合を防いでくれます。どんな重みパラメータが良いかもすぐに計算できます。その結果、色々な関数を重ねてグラフの形をデータに合わせる場合は、これまでに得られたデータをつなげれば良い。そのつなぎ方のルールを決める**カーネル**というものだけを考えれば良いよーということが分かります」

「そのカーネルって一体何なの？」

「イノシシがいた場所には、その近くにもある程度いそうですよね。逆にいなかったら、隣にもいないでしょうって思いますよね」

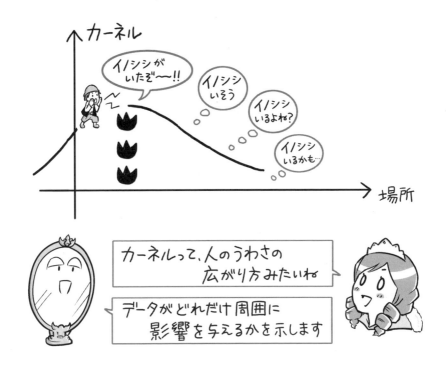

「確かにそれが自然な発想ね」

「それがカーネルです。そうやって今までに得られたデータを自然につないでいくわけです。どんな風につなぐかは、重ねる関数の形次第で自動的に決まります」

「今までの方法は、得られたデータに当てはめるっていう考えだったけど、つないでいくっていう考えに切り替えたわけね」

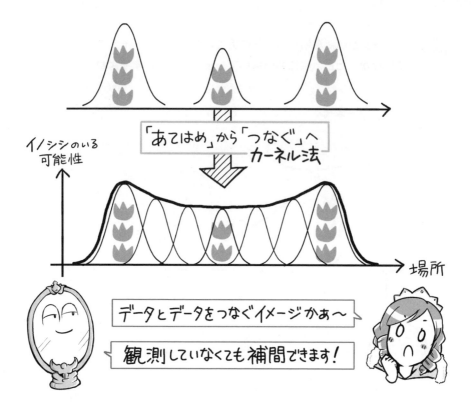

「そういうことです。さらに正則化の強さによって、データをどれだけ無視するかを調整することもできます」

「そうやってデータをつなぐ方法が一瞬でできるってすごい!」

「データの数が増えるとつなぐのに時間がかかってきますが、リプリゼンター定理のおかげでつなぎ方は完全に決まるので誰にでもすぐにできる方法です」

「なんでそんな便利な方法早く教えてくれないの!」

「物事には順番ってものがあるんですよ」

Column   リプリゼンター定理の言っていること

　お妃様と魔法の鏡は、ガウス分布をたくさん組み合わせて、1つの分布を描こうとしていました。ここでたくさん組み合わせてというのは、無限大、とにかくとにかくたーくさん！！です。

　そのたくさんのガウス分布をどう組み合わせてあげれば良いのか、それを計算した結果についての性質を説明したものがリプリゼンター定理というものです。組み合わせ方を決める係数は無限個あるはずなのに、その組み合わせ方の数は合わせたいデータの数だけで決められるという非常に強力な定理です。とにかくたくさんの係数をデータの個数分だけで決めてしまえるのです。

　その結果を利用すれば無限個の形を組み合わせるということが容易に実行できるということが分かります。このリプリゼンター定理に基づき、無限個のある形を持った関数を組み合わせる方法が登場しました。

　それがカーネル法です。形は後で選んで構わない。ある程度なんでも良いというのは意外です。これまではこういう形の関数を当てはめよう。ずれてしまったら関数の形を変えれば良い。パラメータを動かせば良いという考え方でした。それをパラメトリック的な考え方と言います。

　このカーネル法はパラメトリック的な考え方とは異なり、形を固定して、その形をどのように当てはめていくかというパズル的な考え方に切り替わっていることに注目してください。

5-3 ノンパラメトリックモデルとパラメトリックモデル

「あれーでも最初にいろんなガウス分布を重ねて考えるって言っていたでしょう？ それがつなぐっていう話になっているのはなんで？」

「ガウス分布をとにかく無数に利用するっていうところがミソです。ガウス分布からなる山をボコボコ膨らませて、データとデータの橋渡しをしてつないでいくわけです」

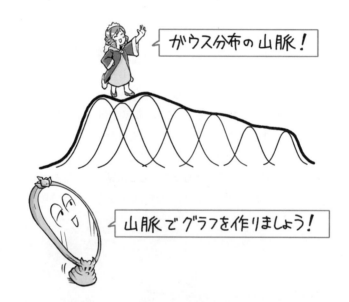

「ガウス分布がどこにあるかとか考えずに、辺り一面に無数のガウス分布があって、いくつかが膨らんで連なっていくイメージね」

「こうやってとにかくたくさんの関数を重ね合わせたモデルを**ノンパラメトリックモデル**と言います」

「ノンパラメトリックモデル？」

「これまでグラフの形に合わせるときには関数の形を変えていましたよね？ 直線の場合は傾きとか切片とか。それは形に関係するパラメータですよね。こっちは関数の形は固定して、どの関数を使うかどうかの重みパラメータを考えることにしています」

「ノンパラメトリックっていうから、パラメータがないっていう意味かと思ったけど、形のパラメータと重みのパラメータという区別があるのね」

「形のパラメータを利用するものは**パラメトリックモデル**と言います」

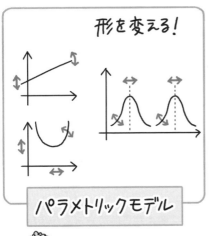
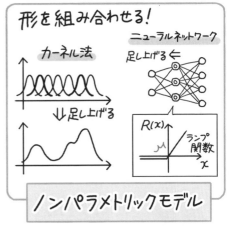

そうか― グラフの作り方からちがうのか

形を合わせるにしても色々ありますね

「ニューラルネットワークもノンパラメトリックモデルの一種なの？」

「ええ、ニューラルネットワークも重みのパラメータを動かすだけなのでノンパラメトリックモデルです。形は固定してその組み合わせを考えていますので」

「え、それじゃあガウス分布をたくさん用意して合わせようとしなくても良いの？ 別の形のものをたくさん持ってきても？」

「ぶっちゃけなんでも良いです。たくさん重ね合わせれば複雑な動きを表すことも、点と点をつなぐことが可能なことも想像できますよね」

「確かに！ でもなんだかそうやって形を変えたら計算方法とか変わりそうなものだけど？」

「全く変わりません。カーネルが変更されるだけです。逆に言えば、"どうやってつなぐか？ どんなカーネルを利用するのか？"そこだけを考えれば良いというのがこの方法の良いところです」

「カーネルを変えれば違うつなぎ方を試すことができるわけね。それでカーネル法って言うのね」

「ニューラルネットワークもネットワークの構造を変えるだけですよね。結局は重みパラメータの最適化の方法は同じで兵士さんやお手伝いさんが頑張ってくれるおかげで自由自在です」

「言われてみればその通りね」

「だからデータが与えられて、それに合うモデルを考える。どれが一番良いモデルかを考えることに集中することができるんです」

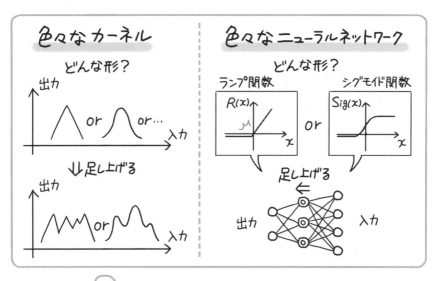

んーどれがいいのかなー？

モデルを試行錯誤するのが王道です

5-3 ノンパラメトリックモデルとパラメトリックモデル

スプライン補間と
ノンパラメトリックモデル

　点と点をつなぐときに、できるだけ滑らかにつないで自然な線を描きたい。イラストを描く際にも利用されているこの技術。スプライン補間と言います。

　スプラインの形としてどんな関数の形を利用するかで、その出来上がりが変わります。

　点と点をつなぐために関数を貼り合わせるときに点の位置に忠実である方が良いですね。これがちょうどデータと形を合わせる最尤法に相当します。さらに点にこだわらず、ある程度自然に滑らかにつないでほしい。そういった場合は、曲線はこういう性質を持っているという事前情報を反映した正則化をしていることに相当していますから、ベイズ推定と同じ技術が使われていることが分かります。

　その際に、色々な関数を貼り合わせるというところで、どんな関数を貼り合わせるかを指定してつなぐことで様々なスプライン補間の方法が提案できます。関数が指定されると、それらを無数に組み合わせて点と点をつないで線を描いていきます。ノンパラメトリックモデルの考え方です。意外なところでも活用されていますね。

5-4 ガウス過程

「よし！ このカーネル法でイノシシがどこにいそうか分布の形が瞬時に分かるわね。それじゃあイノシシがどこにいたのか、ある程度データがあるから、そのデータをつないで予想しましょう」

「ちなみにカーネル法は点と点をつなぐ方法ということでしたけど、これをベイズ推定と見ることもできます」

「そっか！ 点と点をつなぐところは尤度関数で、データをどれだけ信じるかを示した正則化の部分が事前分布でしょ？」

「その通りです。ベイズ推定だと考えると事後確率分布というものが得られますよね」

「えーっと、尤度関数と事前分布の両方を考えて、色々なつなぎ方が考えられるっていうことよね？」

「ええ、このときに事後確率分布をちゃんと考えると、結果の散らばり具合が分かります」

「結果の散らばり具合？」

「カーネル法で描いたものは、あくまでもっともらしい曲線を描いたに過ぎません。でも他の可能性もあるかもしれない。それを考えるのがベイズ推定の大事な所です」

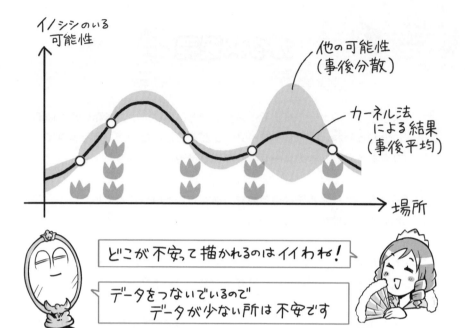

「そうかベイズ予測分布だったっけ？ いろんな可能性を考えるっていう」

「カーネル法の結果は、あくまで色々な可能性を勘案しての期待値を描いたものです。その周りでどれだけ散らばる可能性があるかを示す分散も計算できるんですよ」

「ということは、その分散が大きいところはカーネル法の結果としてちょっと不安だってことを示しているわけね」

「そういうことです。データとしてもらったところは信頼していることから分散は小さいですが、途中のつないでいるところは他のつなぎ方の可能性もあり得るので分散が大きくなる傾向があります」

「そうやって自信のあるところ、不安のあるところが分かるっていうのは便利ね」

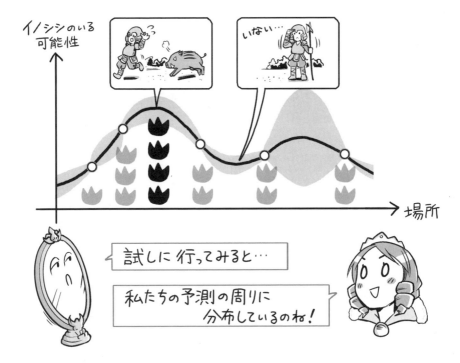

「結果がこの曲線の周りにガウス分布に従って散らばることを**ガウス過程**と呼びます。期待値のところ、つないだ曲線のところに来る可能性は一番高いけれども、ある程度は分布するだろうというところまで予測しています」

「じゃあ曲線はあくまで目安で、そこから多少ずれた結果が来るかもしれないっていうことね」

「データが増えると、この分散もだんだんしぼんでいって、確実な予測ができるようになります」

「じゃあこの分散を小さくするように、データを増やせば良いってことかしら」

全ては最適化

　機械学習もベイズ推定を利用している。そのベイズ推定をする際には最適化問題が登場することがあります。さらに最適化問題を解くことで、連立方程式では解けなかった問題も解けるようになる。

　こうなってくると最適化問題について興味が湧くと思います。まさに今、世界各国で最適化問題に注目が集まっています。最適化問題を効率良く解くためのマシンや計算をする専用のチップが次々と登場しています。

　最適化問題の難しさは、膨大な選択肢の中でどれが良いのかを追い求めることが大変であるというところにあります。それを新しいテクノロジーで高速に最適解を導くという流れが今のトレンドです。

　一方で膨大な選択肢の中で、その選択肢の良し悪しが明確ではない問題というものもあります。例えば薬の効果のように良し悪しがまだ完璧には分からない。しかし試すことがなかなかできないし、試してみたところで結果がすぐに現れない。こういう問題が存在します。

　その解決方法の1つが良し悪しを「推定」しながら解くという新しいパラダイムです。推定の力を借りることで、まだ調べたことのない組み合わせがどのような性質を持つのかを予想しながら、最適な選択を模索する方法についての研究が進んでいます。推定の礎になるのは、少ない貴重なデータですから、それを活かした方法が重要となります。

　そこでカギを握るのがスパースモデリングであり、カーネル法であるというわけです。

効率の良い計画を！ベイズ的最適化

「お妃様！ 出発の準備が整いました！」

「よし第一陣は、東の森に行きなさい」

「ほほう」

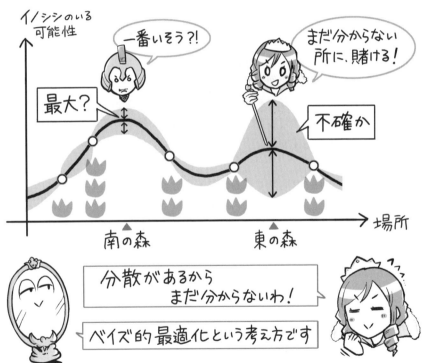

「イノシシがいそうなところを一番に狙うわけではないのですか？」

「もしかしたらこっちの方がイノシシが多くいる可能性が高いかもしれないわ」

「でもカーネル法で予測された結果は、南の森の方が高い可能性が出ていますよ？」

「あなたの気持ちも分かるわ。ただ分散のある推定結果だから、その散らばり具合に注目してこっちに賭けてみましょう」

「素晴らしいです。お妃様。**ベイズ的最適化**という方法を自然に考えつきましたね」

「そういう名前がついているのね。事後確率分布に従って結果には色々な可能性があるっていうことに注目してみたの」

「イノシシがいるところを探すには可能性が一番大きいところを探せば良いわけです。**最適化問題**と言います。ところがイノシシのいる場所の予測には不確かな要素があります。そこで期待値と分散による散らばり具合を参考にして、もしかしたら？　を大切にしながら最適化問題を解く方法です」

「分散をどの程度意識するかはちょっと困ったけどね」

「そこは試行錯誤が必要ですよ。分散を意識しない方法もあれば、分散を重要視してとにかく色々な可能性に賭ける方法もあります」

「分かりました！ 第一陣はご指示の通りの東の森に罠を仕掛けて来ます」

「あ、そのときにそこの場所でいいですから、イノシシがいたかどうかも調べてくださいね」

「は、はい！」

「そうすれば東の森周辺の分散を小さくすることができるわね」

「ベイズ的最適化は、データを取得するのに時間がかかったり、危険でリスクを伴う場合に、効率良く探索をしながら最適化問題を解く方法として注目されています。新しいデータで予測も変わりますから、常に探索をしながらベストを探します。だから新しいデータを取るためにも、分散を意識する所が大切です」

「今の場合にぴったりね」

「イノシシにあまり会いたくないですからね。実際どうだったのかという結果が貴重になります」

「端から端までとにかく罠を仕掛けていったら大変よね。ここにイノシシがいそう！　っていう場所を優先した方が良い。これは期待値を信じた考え方ね。さらにまだ調べていない所が分散の大きな所で、そこにはもしかしたらイノシシが思ったよりもいるかもしれない。分散が大きいっていうことはデータが不足しているから、そこを探索したら推定結果がさらに良くなるしね」

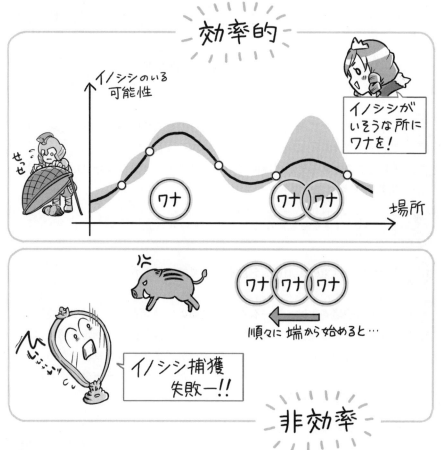

「その 2 つの要素を考慮して、お妃様は東の森を選んだわけですね」

「えっへん！ 宝石がうまく見つかったのも、ベイズ推定の効率の良さのおかげだったわね」

「ベイズ推定の考え方は自然な考え方なので、なかなか重要なところやすごいところが見えにくいと思いますけど、色々な場面で効率的な作業を進める上で役に立つと思いますよ」

「これで財宝探しでもしようかな―面白そう！」

「え、国の財政大丈夫ですか？！」

5-5 効率の良い計画を！ベイズ的最適化

Column 実験計画法

　何か数字を変えながら、その時の変化を記録して突然変化するところを探しましょう。科学実験をするときによくある問題設定です。そのときに端から端まで一点一点結果を丁寧に調べて、綺麗なグラフを描くといった実験を中学生や高校生の間に経験したかもしれません。

　どうにかして、この面倒な作業をサボることができないでしょうか。そんなことを考えたら先生に怒られてしまいそうですが、現実にはサボることは大事です。

　例えば財宝を探す場合、温泉を掘り当てる場合などは、非常に時間とお金がかかる計画を実施します。財宝が見つかったとしても結局支払った費用の方が高いのであれば全く利益につながらず意味のないものとなってしまいます。費用対効果を考える上でも効率の良い計画を立てる必要があります。これを**実験計画法**と言います。

　この実験計画法の設計で重要な役割を果たすのが、ベイズ的最適化です。財宝を発掘する場合には、どこに財宝がありそうであるか、その可能性についてカーネル法を駆使して調べながら、期待値と分散のバランスを考えて、ベイズの本当の威力を発揮した探索を行います。

　こんな方法を知ってしまったら、本当にお妃様は財宝を探す旅に出てしまうかも？

第 6 章
無限の可能性を考える ベイズ推定

学習能力があるようでないようなお妃様

 大数の法則

　データを利用して未来を予測する機械学習。その背景にはベイズ推定を始めとした統計科学があります。

　事前情報を活かして、正則化を施すことで、最尤推定からベイズ推定へ。

　ただこのままでは「点推定」と呼ばれている方法に留まってしまい、「分布」を利用するベイズ推定の本当の威力を発揮していません。どんな可能性があるのか分布という形で探るのがベイズ推定であり、豊富な方法論がベイズの定理1つから広がりを持って存在することが分かりました。データはもちろん重要で、数多くある方が良いものの、データの数が少ない場合についても様々な方法が意外と存在するようです。

　そして何より、データが少ない場合に予測をしながら、どんなところからデータを取得するべきなのか。効率の良い探索方法が確立されています。方法として聞くとなんだか難しい気もしますが、ちょっと自分の人生に置き換えてみるとそう難しいことを言っているわけでもない気がします。

　さて、街で出会った女の子を心配する兵士さんの人生には、どんな可能性があるのでしょうか。

「あの子大丈夫かな？　イノシシに襲われていないかな」

「誰か来てくれー！　イノシシだ！」

「大丈夫ですか！！　怪我はありませんか？！」

「私は大丈夫だ。イノシシが街に入って来て大変なんだ。なんとかしてくれよ、兵士さん」

「わ、分かりました！　そ、そうだ。データが何より大事なんだ！　イノシシはどこにいましたか？」

「あっちだ。そこいら中でイノシシが現れて大変だよ」

「あっちですね！ ありがとうございます！」

「あ…、この前お会いした方ですね」

「ご無事でしたか！！ 良かった！！」

「ええ、私は大丈夫です。でも街には結構被害が出ていますね…。あそこでも」

「データが大事ですから色々話を聞かせてください！」

「へぇーーーーーーーー！ また例の女の子に会えたのね」

「初々しいですナーーーーーー」

6－1 大数の法則　155

「冷やかさないでください！！ とにかくイノシシに関連するデータを集めて来ました」

「これだけ情報があればなんとかなるかもしれないわね！ データは数が重要だもんね」

「あー、イノシシのところに行くなんてもうこりごりだから助かります」

「それでは目撃情報からイノシシのいそうな可能性に合わせて、ガウス分布の形を重ねていきましょうか」

「ねーそもそもデータの数が多い方が良いっていうのはどうしてなのかしらね。推定のためには手がかりがあった方が良いのは分かっているけど」

「一番素朴な理由は、データの数が多くなると事後分散が小さくなって1つの結果に**収束する**という性質があるためです」

「それじゃあ事後平均を推定結果とすれば、ばっちりっていうことね！」

「それが古典的な統計学の結論です。とにかく数を増やせ、そうすると**大数の法則**に従って結果が1つに決まるから、と」

「またまたかっこいい名前が出て来たわね。データがたくさんあれば、イノシシの住処を表す事後平均が信頼できる結果になるというわけね」

「**フィッシャー情報量**というものがあって、それを調べることで推定結果がどんな分布をするのかが大体分かります。推定結果がいくつも散らばることはないということが分かれば、最尤推定のような点推定でも良い推定方法になるわけです」

僕らの体に眠る中心極限定理

　大数の法則をもっと精密に議論すると**中心極限定理**というかっこいい名前の数学の定理が得られます。たくさんの数からなるものの平均値はガウス分布に従うよ。そしてその分散は数が増えると縮こまる。つまり平均値で物事を決めることができるというものです。

　実はこの数学の定理が効いて、目の前にある机やペン、ありとあらゆるものが安定して存在しています。机やペンなど身のまわりにある物質は、全て原子や分子など非常に小さい粒からなる集合体です。
　この小さい粒は様々な影響を受けてその場にとどまらずぴょんぴょん飛び回っている複雑な動きをしております。その動き続ける小さな粒の詳細を完全に理解するのはほぼ不可能なことでしょう。

　それでは非常に小さな粒がばらばらに移動しているとして、この小さな粒の集合体である私たちの身体や身のまわりの物質について考えてみましょう。ここでその平均値に注目してみます。
　中心極限定理に従い、その平均値は非常にたくさんのデータによる結果から決まる信頼の置ける数値に定まります。だから集合体である私たちの身体は、ばらばらにならずにここにいるというわけです。ばらばらの小さな粒からなる身体が止まったり、「確実に」歩みを進めることができるのは、大きな数の集合体であるという性質が効いています。

　そうした発想に基づき、多くの要素を扱う統計を利用して集合体の振る舞いを調べる学問が、**統計力学**と呼ばれる学問です。統計の威力をふんだんに利用して、物事の理解、未来の予測をします。

6-2 ベイズ推定の真価

「それならデータをたくさん集めて、とにかく点推定をすれば良いの？」

「お言葉ですが…イノシシの調査には危険を伴うので、これ以上のデータ取得は限界です」

「というわけで、データがたくさん集まるということはなかなか厳しい条件なのです」

「データがあまり多く取れないときに、しっかりと予測するには…ベイズ推定っていうことか」

「データが少ないために、1つの結果に定められないというのは不安に感じるかもしれません。データが少ないのだから仕方のないことです。でも点推定と違って、ベイズ推定では他の可能性を排除しないというメリットがあるわけです」

「イノシシの住処は今は複数ありそうだから、1つの結果に決まるというのも変な話よね」

「はい！ 住民からの情報によるとイノシシはたくさんいそうですから」

「そこで様々な可能性を考慮するベイズ推定の出番です。色々な可能性を『分布』で扱えば、ひとこぶのガウス分布でも、イノシシの住処がここにありそう、あそこにありそうという可能性を示唆することができます。例えば、分布を用いて複数の可能性を考慮すれば、次の図のような感じでイノシシの住処がありそうな場所の確率が高くなる結果が得られます」

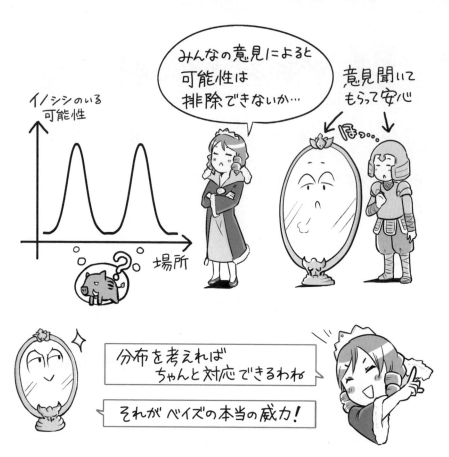

「そうかー。分布を使うことにすれば、単純なモデルでもちゃんといろんな可能性を探ることができるのね。でも分布を考えるってやっぱり難しそう…」

「そのために分布そのものを取り扱う手法も充実してきました。実際に様々な可能性を試し打ちして確率分布の様子を真似る**マルコフ連鎖モンテカルロ法**。確率分布をできるだけ計算のしやすい形にしておく**共役事前分布**や**変分ベイズ法**など色々あります」

「マルコフ連鎖モンテカルロ法！ 機械学習の時にも出てきたやつだ！ 予測するための方法をみんな頑張って開発しているのね」

「ええ、それを適当にサボってやる**平均場近似**や、**信念伝播法**も分布を取り扱う方法として採用されます」

「分布を利用して推定する方法も充実しているわけか！ まだまだ勉強することたくさんあるわねー」

「最近の研究で明らかにされたのは、分布を用いて色々な可能性を探ってみると、データが少ない時には選択に迷っていることが分かりました。例えばイノシシの住処の場所が2つあったとして、これらが非常に近い場合に本当に2つなのか、1つなのか迷ってしまいます」

「イノシシがどこから来たのかを決めるのはなかなか、難しい問題よね」

「イノシシの住処が2つあって、それらが離れていても、データが少ないと2つの住処の間を選んだりします。だけど次第にデータが増えてくると2つの住処を当てられるようになり、データの数によって**対称性の破れ**という現象が起きて、突然ベイズ推定による精度がまるで閃いたかのように変わります」

「色々な可能性を探る中、ヒントが与えられると、突然閃くだなんて、本当になんだか人間みたいね」

6-2 ベイズ推定の真価

「色々な可能性を探索する…」

「ニヤニヤ…」

「ニヤニヤ…」

「な、な、なんですか？！」

「イノシシの被害に困っているあの街で**色々な可能性を探る**必要があるから、試しにいってみなさいよ」

「そうですよ。さぁ早くいってください」

「は、は、はい！　行ってきます」

Column 物理学の活躍

　我々の目に見えるような大きなものの動きのルールを司るニュートンの運動方程式。坂道をゴロゴロと勢いよく転げ落ちていく玉の動きを表現するなど、身近な運動を表す基本的な方程式として有名です。このルールによると、物体は位置エネルギーが小さいところを目指して転がり落ちるとされています。

　機械学習では勾配法と呼ばれる手法を用いて、データとずれがなくなるようにパラメータを変化させていきます。データとのズレを示すものを誤差関数と言い、この誤差関数が小さいところを目指します。

　両者ともにやっていることが全く同じことに気づきます。
　もう少し複雑なものを考えてみると、物体に四方八方から微弱でバラバラの向きで力がかかるとき**ランジュバン方程式**を用いて、その動きを調べます。物体の動きは全く予測できないものとなり、ありとあらゆるところへ向かいます。
　このランジュバン方程式のような動きは、機械学習にも応用可能です。ニューラルネットワークの最適化の途中でわざとパラメータを揺らす**確率勾配ランジュバン法**がその応用例で、様々な可能性を探索するために利用されます。

　他にも、上記のニュートンの運動方程式をさらに洗練した形で自然の動きを模したハミルトンの運動方程式を利用した**ハミルトンモンテカルロ法**など、様々な物理学の手法が機械学習やベイズ推測に有効活用されています。
　特に機械学習との接点は個人的には非常に興味深いと感じています。
　人工知能の発展のためには機械学習の進展が求められます。その進展に自然科学としての物理学が大いに貢献しているという事実を考えると、人工知能もまた自然科学の範疇となっていくと考えています。自然の中で生物が進化していったように、自然の中で人工知能もまた進化しているのです。

　まだまだ語りたい未来がありますが、その先は読者の皆さんが思い描いてみてください。

6-3 見えないものが見える！

　様々な可能性を探ることで真価を発揮するベイズ推定。単純に事前分布を付け足したこと以上に意義のある方法でした。

　事実に基づき様々な手がかりを手にしたとき、前に考えていた事前分布に加味して、次の予測に役立てるベイズ更新。あらかじめ予測を立てて、次に調べるべきところを効率よく探索するベイズ的最適化。

　そして複雑な構造を持つデータであっても色々な可能性を探ることで予測を立てるベイズ予測分布。かなり前向きな方法ですね。皆さんの生活にも取り入れることのできる哲学であると考えます。

　さてそろそろお時間が来たようです。

「こ、こ、こんばんは！」

「あ…。またお会いしましたね」

「あの、き、今日は星が綺麗ですね」

「星に興味があるんですか？ 素敵ですね」

「え、す、素敵だなんて…。宇宙のことを考えて眠れなくなったりします！」

「あの、ブラックホールってご存知ですか？」

「宇宙にあるなんでも吸い込むっていう、あれですね」

「光すらも飲み込むと言われている宇宙に潜む黒い穴、ブラックホールです。ご覧になったことありますか？」

「え、ありません」

「私もないです。宇宙は真っ暗でブラックホールも真っ暗ですからね」

「あ、あ、そうですね。はは…」

「ブラックホールを直接見られる日が来たら、面白そうですね」

「そうですね！ あの。ブラックホールを見る方法は僕には分からないですけど。星は…好きです。好きな星座はなんですか？」

「星座ですか…。へびつかい座？」

「お、面白い星座がお好きなんですね！
（この女の子。て、手ごわいぞー！）」

6-3 見えないものが見える！　165

「ブラックホールシャドウ?!」

「ブラックホールが周りにあるガスを吸い込むんです。そのガスの動く様子が明るく輝いて見えるんですよ」

「明るく輝くのにブラックホールシャドウって言うんですね」

「ほんと、不思議な名前ね。えー、見たーい!」

「残念ながら肉眼では見られないくらいに小さいので、特殊な電波を受信するアンテナを使って画像化します」

「そっか、残念ー。でもすごいなー」

「そうやって観測する技術を工夫しても、やっぱりぼやけて見えてしまうので、事前情報をうまく使ってちゃんとはっきり見えるようにしよう。そういう一大プロジェクトが動いています。ただ特殊な電波を受信するアンテナもそんなに多くはありません。そこでベイズ推定の出番です」

「データが少ない！ ふふふー圧縮センシングの出番ね！ すごいなー。そんな便利な技術をもっと知りたいわ！」

「いい心がけですねー。それじゃあ明日からはもう少し深いところを勉強してみましょう」

「……ねーねー。あの兵士さん、例の女の子と今頃どうなっているかな？」

「もしかしてお妃様はあの時…」

「私は女の子に"言ってみなさいよ"のつもりで言ったのよ」

「僕は普通に調査に"行ってください"のつもりでしたけどねー」

「うっそだー！」

「まあいろんな可能性を探る必要がありますから…」

兵士さんの可能性は、広がっていくのでしょうか…？

ひとまず、おしまい。

その後の兵士さん（参考文献）

　彼女の気持ちを探るために兵士さんはもっと相手の考えを知る必要があると考えて、ベイズ推定についてもっと学ぶことにしたようです。
　読者の皆さんにも少しでも道しるべとなるように、イノシシの住処も避けられるように、この先どんなことを勉強すると良いか紹介していくことにしましょう。

　ベイズの定理にまつわる多様なエピソードが満載の読み物はこちら。
- 「異端の統計学ベイズ」
  シャロン・バーチュ マグレイン 著、冨永星 翻訳、草思社（2013）
  数式は全くなく、読み物としてベイズの定理がいかに生まれ、そして役に立ってきたかを知ることができます。そして同時にベイズの定理には紆余曲折があり、人々に受け入れられなかった不遇の時代があったこと、古典的な統計学の成立との関係など歴史について大いに学ぶことができます。

　ベイズ推定の威力を実際に試してみたい。イメージはつかめたから数式を少し操りつつ、実際のデータの解析にどのように使えば良いのか、何ができるのか？　をもっと知りたい方にはこちら。
- 「見えないものをさぐる―それがベイズ ～ツールによる実践ベイズ統計～」
  藤田一弥 著、フォワードネットワーク 監修、オーム社（2015）
  数式は出てきますがその中身について、丁寧に説明を加えてくれています。開票速報の仕組みなど実用例がたくさんあり、どんどん頭に入ってイメージがしやすいことこの上なしです。

数式があってもそんなに苦にならない人にはこちらです。

- 「ベイズ推論による機械学習入門（機械学習スタートアップシリーズ）」
  須山敦志 著、杉山将 監修、講談社（2017）

- 「データ解析のための統計モデリング入門――一般化線形モデル・階層ベイズモデル・MCMC（シリーズ 確率と情報の科学）」
  久保拓弥 著、岩波書店（2012）

　ベイズ推定の威力を知ったとしてもその実践のためには、事前分布についてそれなりに準備が必要です。兵士さんはお城のみんなから様々な意見を聞きながら女性の心について学ぶことにしたそうです。

　ベイズ推定を活用するためには、あらゆる可能性を探索する必要がありますから、実行するためには計算時間がかかることがあります。それを回避するうまい方法を学ぶ必要も出てくることでしょう。

- 「計算統計学の方法――ブートストラップ・EM アルゴリズム・MCMC（シリーズ 予測と発見の科学 5）」
  小西貞則、越智義道、大森裕浩 著、朝倉書店（2008）

- 「ノンパラメトリックベイズ 点過程と統計的機械学習の数理（機械学習プロフェッショナルシリーズ)」

  佐藤一誠 著、講談社（2016）

- 「変分ベイズ学習（機械学習プロフェッショナルシリーズ)」

  中島伸一 著、講談社（2016）

うまくベイズ推定ができるようになったら気になるのが、「適切な確率モデルとは何か？」です。モデル選択の大きな指針となる赤池情報量規準にまつわる話をテンポ良く学ぶために以下の本を参考にすると良いでしょう。

- 「赤池情報量規準 AIC―モデリング・予測・知識発見 」

  赤池弘次、甘利俊一、北川源四郎、樺島祥介、下平英寿 著、室田一雄、土谷隆 編、共立出版（2007）

- 「情報量規準（シリーズ 予測と発見の科学 2)」

  小西貞則、北川源四郎 著、朝倉書店（2004）

特に「赤池情報量規準 AIC―モデリング・予測・知識発見」で甘利先生の担当された章は、古典的な統計学との関係、正則なモデルと特異なモデルについて簡潔にまとめた形で触れられており、統計科学の真髄を学ぶのに最適です。

数学的にしっかりとした議論や、さらに深いところを学ぶためにはこちらの本がオススメです。

- 「学習システムの理論と実現」
渡辺澄夫、萩原克幸、赤穂昭太郎、本村陽一、福水健次、岡田真人、青柳美輝 著、森北出版（2005）

- 「ベイズ統計の理論と方法」
渡辺澄夫 著、コロナ社（2012）

- 「代数幾何と学習理論（知能情報科学シリーズ）」
渡辺澄夫 著、森北出版（2006）

兵士さんはこれらの本で勉強し、ベイズ推定の成功率を引き上げて、イノシシを効率的に山奥へ追いやる作戦を決行して街に平和を取り戻したそうです。

平和が訪れた後、気になるあの子についにアプローチ！ それでもなかなかうまく思うようにはいかなかったようです。

やっぱり人の気持ちは複雑なものです。

どのようなきっかけで、人を好きになるか？ 本当に難しい問題です。

　色々な要素が絡み合う問題を扱うために、条件つき確率によって結ばれる因果関係を図に示しながら考えるグラフィカルモデルというものがあります。
　こうすることで様々な要素の関係を見やすくして、ベイズの定理を利用した解析を行います。これをベイジアンネットワークと呼び、最近注目を集めており書籍が充実しています。

- 「ベイジアンネットワークの統計的推論の数理」
　田中和之 著、コロナ社（2009）

- 「ベイジアンネットワーク」
　植野真臣 著、コロナ社（2013）

- 「グラフィカルモデル（機械学習プロフェッショナルシリーズ）」
　渡辺有祐 著、講談社（2016）

- 「確率的グラフィカルモデル」
　鈴木譲、植野真臣 編著、黒木学、清水昌平、湊真一、石畠正和、樺島祥介、田中和之、本村陽一、玉田嘉紀 著、共立出版（2016）

このグラフィカルモデルは、画像処理の手法としても用いられており、ベイズ推定の力を借りることにより見えなかったものを見えるようにすることが可能となります。もちろんスパースモデリング技術の利用も可能です。

- 「確率モデルによる画像処理技術入門」
  田中和之 著、森北出版（2006）

- 「スパースモデリング：l1/ l0 ノルム最小化の基礎理論と画像処理への応用」
  Michael Elad 著、玉木徹 訳、共立出版（2016）

- 「スパース性に基づく機械学習（機械学習プロフェッショナルシリーズ）」
  冨岡亮太 著、講談社（2016）

複雑なデータを活用して、予測を行うためにはカーネル法が便利です。
カーネル法は数学的な要素が強い印象を受けて、敷居が高いと感じるかもしれませんが、実際に利用する分にはさほど難しいことをしているわけではありませんので、ぜひ挑戦してみてください。

- 「カーネル多変量解析―非線形データ解析の新しい展開（シリーズ 確率と情報の科学）」
  赤穂昭太郎 著、岩波書店（2008）

- 「カーネル法入門―正定値カーネルによるデータ解析（シリーズ 多変量データの統計科学8）」
  福水健次 著、朝倉書店（2010）

赤穂先生の本はカーネル法についてのイメージと基本をしっかりと押さえるのに適しており、そのあとに福水先生の本で数理的背景をしっかりと押さえると良いでしょう。

アレヤコレヤと色々な手を尽くし、兵士さんは意を決して、気になるあの子にデートを申し込むことに！

様々な可能性を考慮して、相手の考えていることや困っていることを予測することができるようになったんだから大丈夫。

未来に不安なことがあるなら、ベイズ推定があなたの力になるかもしれません。
勇気を振り絞って、その扉を開けてみれば…。
もしかしたら気になるあの子と本当に結ばれる…かもしれません。

いかがでしたか？
　白雪姫を題材にして、機械学習、そしてベイズ推定について、お妃様と魔法の鏡と一緒に学んできました。今後も様々な技術が登場するでしょう。そして意外な発見が世の中を驚かせていくでしょう。

そのときはお妃様と魔法の鏡の様子を、また覗いてみることにしましょう。
きっとまた素敵な物語が繰り広げられているはずです…。

あとがき

　第一弾「機械学習入門―ボルツマン機械学習から深層学習まで―」に続き、第二弾「ベイズ推定入門―モデル選択からベイズ的最適化まで―」をなんとか完成させることができました。最後までお読みいただきありがとうございます。

　この本を書くにあたり、ベイズ推定についてどんな印象を持っているのか、みんなはどんな理解をしているのか。統計の初心者からプロの研究者に至るまで、かなり色々な人に聞きました。そしてベイズ推定の「本当に面白いところ」はあまり浸透していないということに気づきました。そのためこの第二弾の本ではかなり挑戦的なことをしました。

　多くの本は「ベイズ推定＝事前情報を利用する」という側面を説明して事例を挙げています。しかしあえてこの本では、「分布」というものに注目するのだというメッセージを強調することにしました。確率を扱うという時点で、ベイズ推定の話は実は敷居が高い話です。さらに確率「分布」を扱うとなると入門書のレベルで書ききれるのか、本当に挑戦の毎日でした。

　最初はそれこそサイコロやコインの確率を例にして、確率やベイズの定理の説明を充実させて、これらの基礎的な概念に慣れ親しんでもらおうと苦心していました。でも全てやめてしまいました。それでは他の本と同じになってしまうぞ。難しいところであってもストレートに逃げずに書く姿勢が、第一弾の「機械学習入門―ボルツマン機械学習から深層学習まで―」で示したことだった。そう思い直してからは覚悟を決めて、確率「分布」をいきなり眺める第1章ができました。第2章では適切な分布の形を決めようということで、多くの統計の入門者を困らせるモデル選択の話題を扱いました。一般的な入門書ではいきなりクライマックスに相当する内容です。

　世界を眺めて見ても第2章にいきなりモデル選択、赤池情報量規準、はたまた広く使える情報量規準が登場する入門書はないと思います。そういう世界でも稀な、先端的な内容をガラス越しに見ることができるような入門書を目指しました。
　その挑戦がうまくいったのかどうかは読者の皆さんに読んでいただいて初めて分かることですから、書き終えた今でもドキドキしています。

その挑戦を後押ししてくれたのは、お妃様と魔法の鏡でした。
　僕は本を書くとき、キャラクターが勝手に走り出すのをひたすら待ちます。初めに考えていた簡単な確率の話をしていたとき、どうもお妃様のノリが悪かったんです。僕の感覚的な話ですからなかなか通じない部分もあるかと思いますが、うまく筆が乗らないというのではなく、どうも元気がないように思いました。

　難しい内容であっても、新しい知識であればワクワクして知ろうとする前向きなお妃様に、簡単な内容を紹介するのは失礼にあたる。そんな気がしてあえて難しい内容をちゃんと紹介することに挑戦することにしました。狙い通りです。お妃様が途端に生き生きとしてきました。そうなってからは自然に本ができあがっていきました。いつ原稿が上がってくるのだろうか、と編集の津久井さん、イラストの澤田さんにはハラハラさせてしまったと思います。何度も何度も書き直したと思いきや、ちゃぶ台返しのごとくまた丸々1章書き直しはざらでした。じっくりと待っていただき感謝です。

　この本を書き上げるにあたり、専門的なところから意見をくれて、これまでにない形の入門書を作るのに貢献してくれた東北大学・産業技術総合研究所の徳田悟氏には、この場を借りて感謝いたします。僕の粗削りな文章に対して、細かい部分や流れを意識した表現、初学者としての意見を率直に出してくれる京都大学の山本詩子氏にも、常々伝えられない感謝を込めて、お礼を申し上げます。また東北大学のスタッフ・学生の皆さんの協力のおかげで、様々な仕事の合間にこの本を書き上げることができました。どうもありがとうございます。

　子供の頃の僕からしたら、本を書いている未来なんて想像もできなかったことと思います。本を読むのが苦手な子供でした。でもありとあらゆる可能性を考えてみたら、そういう人生も想像できたのかもしれません。みなさんも事前情報があろうがなかろうが、いろんな可能性を試して無限の可能性の扉を開いてください。この本が色々な人の可能性を広げる一助になれば幸いです。

　お妃様と魔法の鏡は、次はどんなことに興味を持って挑戦するのでしょうか。僕も楽しみです。お別れの時がきました。またいつの日か、お会いしましょう。

索 引

●英文・記号

L_1 ノルム ……………… 114, 117, 125
L_1 ノルム最小化 ………………… 114
L_2 ノルム ……………………… 115
L_2 ノルム最小解 ………………… 116
L_2 ノルム正則化 ………………… 132

MRI ……………………………… 127

●人　名

赤池弘次 …………………………… 59
甘利俊一 …………………………… 80

カルマン (Rudolf E.Kalman) …… 103

ケプラー (Johannes Kepler) …… 96

トーマス・ベイズ (Thomas Bayes)
……………………………………… 17

ニュートン (Isaac Newton) …… 96

ブラーエ (Tycho Brahe) ………… 96

渡辺澄夫 …………………………… 59

●あ　行

赤池情報量規準 ……………… 46, 49
圧縮センシング ……… 122, 123, 167
鞍点 ………………………………… 80

一致性 ……………………………… 59
因果関係 ……………………… 19, 28

エビデンス ………………………… 57
エラスティックネット ………… 118

オッカムの剃刀 …………………… 49

●か　行

外挿 ………………………………… 94
ガウス過程 ……………………… 145
ガウス分布 …………………… 35, 140
過学習 ……………………………… 89
確実な関係 ………………………… 18
学習係数 …………………………… 82
学習率 ……………………………… 82
確率 ………………………… 12, 18, 30
確率勾配法 ………………………… 80
確率勾配ランジュバン法 ……… 163
確率分布 …………………………… 35
傾き ………………………………… 84
過適合 ……………………………… 47

カーネル法 131, 133, 143
カルマンフィルタ 103

機械学習 40, 67, 81
期待値 35, 13
逆の条件つき確率 19, 26, 36
逆問題 21, 106
共役事前分布 160
極値解 88

グループテスティング 123

計算量爆発 114
ケプラーの法則 96

勾配法 74, 163
混合ガウス分布 44, 76, 131

● さ 行

最大事後確率推定 13, 82
最適化 66
最適解 88
最適化問題 146
最尤推定 9, 11, 13, 15, 38
最尤法 63, 64
サポートベクターマシン 74

事後確率分布 12, 39, 42
事後分散 54
事後平均 54
辞書学習 122

自然勾配法 80, 82
事前情報 10, 11
事前分布 8, 12, 15, 38
実験計画法 152
周辺尤度関数 57
順問題 21
条件つき確率 18, 19, 25, 36, 39
深層学習 67, 78, 133
信念伝播法 161
真のモデル 59
信頼度 55

推定 19, 43
スパースモデリング 50, 120, 122
スパース性 100, 105, 108
スパース正則化 101
スパースな解 113, 116
スプライン補間 142
スモールデータ 133

正解のモデル 38
生成モデル 68
正則化 63, 72, 83, 132
正則なモデル 75, 88
切片 84

● た 行

大数の法則 157

中心極限定理 158

179

ディープラーニング 67, 133
適応的勾配法 79, 86
データ 9, 70, 104, 156
データ同化 103
点推定 53, 159

統計科学 68, 71, 154
統計的機械学習 68, 73, 154
統計的モデリング 21, 36
統計力学 158
同時確率 24
特異性 85, 89
特異なモデル 78, 83, 89

● な 行

内挿 94
軟判定しきい値関数 120

二次関数 90
二乗誤差 67
ニュートンの運動方程式 96
ニューラルネットワーク
.... 67, 73, 80, 104, 130

ノンパラメトリックモデル
.... 138, 142

● は 行

ハイパーパラメータ 51
外れ値 65
ハミルトンモンテカルロ法 163

パラメータ 40, 85, 91
パラメトリックモデル 139
汎化性能 44, 59

ビッグデータ 6
広く使える情報量規準 56, 58, 59
広く使えるベイズ情報量規準 59
頻度主義 30

フィッシャー情報行列 82
フィッシャー情報量 157
複雑なモデル 48
ブラックホール 166
プラトー 80
分散 35, 131
分布 8, 52

平均場近似 161
ベイジアンディープラーニング ... 67
ベイズ学習 63
ベイズ更新 13
ベイズ情報量規準 59
ベイズ推測 56
ベイズ推定
  6, 9, 11, 32, 36, 38, 39, 51, 92, 100
ベイズ的最適化 147, 148, 152
ベイズ的深層学習 67
ベイズの定理 19, 28, 36
ベイズ予測分布 56
変分ベイズ法 160

●ま 行

マルコフ連鎖モンテカルロ法 …… 160

モデリング …………………………… 21
モデル …………………………… 36, 48
モデル選択 ……………………………… 45

●や 行

尤度関数 …………………… 9, 40, 63

良いモデル ……………………………… 45
予測 ………………………………… 43, 69
予測精度 ……………………………… 38, 92

予測分布 …………………………… 42, 44

●ら 行

ランジュバン方程式 ……………… 163

リプリゼンター定理
　……………………… 134, 136, 137

劣決定系方程式 …………………… 107

●わ 行

渡辺・赤池情報量規準 …………… 56

〈著者略歴〉

大 関 真 之（おおぜき　まさゆき）

1982 年生まれ
2004 年　東京工業大学理学部物理学科卒業
2004 年　駿台予備学校物理科非常勤講師
2006 年　東京工業大学大学院理工学研究科物性物理学専攻修士課程修了
2008 年　東京工業大学大学院理工学研究科物性物理学専攻博士課程早期修了
2008 年　東京工業大学産学官連携研究員
2010 年　京都大学大学院情報学研究科システム科学専攻　助教
2011 年　ローマ大学物理学科　プロジェクト研究員
現　在　東北大学大学院情報科学研究科応用情報科学専攻准教授、博士（理学）
　　　　東北大学量子アニーリング研究開発センター　センター長

専門は統計力学、量子力学、機械学習
平成 21 年度手島精一記念研究賞博士論文賞受賞、第 6 回日本物理学会若手奨励賞受賞
平成 28 年度文部科学大臣表彰若手科学者賞受賞

■主な著書：『先生、それって「量子」の仕業ですか？』（小学館、2017）
　　　　　　『量子コンピュータが人工知能を加速する』（共著、日経 BP 社、2016）
　　　　　　『機械学習入門 ボルツマン機械学習から深層学習まで』（オーム社、2016）

●本文デザイン：オフィス sawa
●イラスト：サワダサワコ

- 本書の内容に関する質問は、オーム社ホームページの「サポート」から、「お問合せ」の「書籍に関するお問合せ」をご参照いただくか、または書状にてオーム社編集局宛にお願いします。お受けできる質問は本書で紹介した内容に限らせていただきます。なお、電話での質問にはお答えできませんので、あらかじめご了承ください。
- 万一、落丁・乱丁の場合は、送料当社負担でお取替えいたします。当社販売課宛にお送りください。
- 本書の一部の複写複製を希望される場合は、本書扉裏を参照してください。

JCOPY ＜出版者著作権管理機構 委託出版物＞

ベイズ推定入門
―モデル選択からベイズ的最適化まで―

2018 年 2 月 2 日　　第 1 版第 1 刷発行
2020 年 4 月 30 日　　第 1 版第 4 刷発行

著　　者　大関真之
発 行 者　村上和夫
発 行 所　株式会社 オ ー ム 社
　　　　　郵便番号　101-8460
　　　　　東京都千代田区神田錦町 3-1
　　　　　電話　03（3233）0641（代表）
　　　　　URL　https://www.ohmsha.co.jp/

© 大関真之 2018

組版　オフィス sawa　　印刷・製本　壮光舎印刷
ISBN978-4-274-22139-2　Printed in Japan

好評関連書籍

機械学習入門
ボルツマン機械学習から深層学習まで

大関 真之 [著]
A5／212頁／定価(本体2,300 円【税別】)

話題の「機械学習」をイラストを使って初心者にわかりやすく解説!!

現在扱われている各種機械学習の根幹とされる「ボルツマン機械学習」を中心に、機械学習を基礎から専門外の人でも普通に理解できるように解説し、最終的には深層学習の実装ができるようになることを目指しています。
さらに、機械学習の本では当たり前になってしまっている表現や言葉、それが意味していることを、この本ではさらにときほぐして解説しています。

坂本真樹先生が教える 人工知能がほぼほぼわかる本

坂本 真樹 [著]
A5／192頁／定価(本体1,800 円【税別】)

坂本真樹先生がやさしく人工知能を解説!

本書は、一般の人には用語の理解すら難しい人工知能を、関連知識が全くない人に向けて、基礎から研究に関する代表的なテーマまで、イラストを多用し親しみやすく解説した書籍です。数少ない女性人工知能研究者の一人である坂本真樹先生が、女性ならではの視点で、現在の人工知能が目指す最終目標「感情を持つ人工知能」について、人と人工知能との融和の観点から解説しています。

もっと詳しい情報をお届けできます．
◎書店に商品がない場合または直接ご注文の場合も右記宛にご連絡ください．

ホームページ http://www.ohmsha.co.jp/
TEL／FAX TEL.03-3233-0643 FAX.03-3233-3440

(定価は変更される場合があります)